福島第一原発事故・検証と提言

ヒューマン・エラーの視点から

村田厚生

新曜社

まえがき

２０１１年3月11日午後2時46分、三陸沖を震源とする大地震が岩手、宮城、福島を中心とする東日本の太平洋沿岸を襲った。東日本大震災の被害は死亡者数、行方不明者数は約２万人である。現段階では、この地震と津波の影響で福島第一原発の１～４号機の事故が発生し、１～３号機に関しては、非常用の炉心冷却システム（ＥＣＣＳ）をはじめとした安全システムが作動せず、原子炉圧力容器内で炉心溶融が生じ、さらには４号機の使用済み核燃料貯蔵・冷却用プールが機能喪失し、放射性物質が外部環境へ拡散したと考えられている。これは国際評価尺度で「レベル７」に相当し、わが国は国家存亡の危機に面している。福島第一原発の周辺住民の方々が、地震・津波・原発事故の３つの事象の連鎖によって、多大なる犠牲を強いられている。

東日本大震災以前から、多くの専門家によって、高い確率で地震による原発事故の可能性があることが予測・警告されていた。そして、37～40年周期で三陸沿岸に発生する津波による災害を予測する人もいた。さらに、わが国においても、今回の原発事故に匹敵する大事故に発展する可能性のあった原発関連の事故（たとえば、ＪＣＯ臨界事故（１９９９年９月）、柏崎刈羽原発事故（２００７年７月）、美浜原発配管亀裂事故（１９９９年７月）など）が頻発しており、これらに対する反省のなさから、いずれ大きな原発事故が発生するのではないかと危惧されていた。

にもかかわらず、政府・原子力安全保安院・東京電力をはじめとする原発の安全運転に責任がある組織は、これらの警告に対してあえて眼をつむっていたのではないかと疑われる節がある。原発は、ある意味では、われわれにエネルギー面で利益をもたらすシステムであることは確かであるが、一歩間違えれば今回の福島第一原発事故のように社会に限界のない損失をもたらす危険をはらんでいる超巨大システムである。このような複雑でいったん暴走するとなかなか歯止めをかけられないシステムに対して、政府が述べているような「絶対安全を確保する」などという聞こえの良い言葉を安易に使うことはできない。

人間の叡知の限りを尽くして、津波、地震、さらにはテロや外敵に対しても備えられるだけの力量がなければ、原子力関連事業の安全確保に最優先で取り組み、原子力行政に対する国民の信頼を回復するなどと軽々しく口にしてはならないはずである。「想定外」などというような都合のいい逃げ口上を使っている行政組織・事業者では、絶対安全など実現できない。万が一のときには福島第一原発事故のように取り返しのつかない危機に瀕するわけである。避難された被災者の方々の苦悩を考えれば、「原子力行政」においては、「想定外」は許されないのである。

しかし、これまでの原子力推進行政等から判断して、「今日も安全であるから、きっと未来も大丈夫、大規模自然災害などめったに発生するものではない」といった安全に対する考え方の未熟さ、未成熟さを指摘せざるを得ない。実際に、民主党が政権を奪取した際の民主党政策集INDEX2009で〝安全を最優先した原子力行政〟と述べられているものの、この約束が国民に対して全く履行されずに、現在の福島第一原発の惨事に至っている。

わが国としてもこれまでの安全に対する他人任せの考え方を改める大きな転換期にさしかかっているのではないか。われわれは、種々の便利な環境に慣れてしまったが、この便利さという光に対する影の部分には、近代社会が生み出した不確実で限界のないリスクが存在している。限界のないリスクと向き合っていかねばならないわれわれにとって、福島第一原発事故の背後に存在する問題点を認識し、これを今後いかに活かしていくかはきわめて重要である。

本書では、まず、福島第一原発で何が起こったのかを整理し、さらに、これまでの原発関連の事故についても概観する。そして、福島第一原発事故における問題点を指摘し、過去の事故から何を学ぶべきか、これをどう活かすかについて述べる。最後に、予測しにくく、突発性の高い原発事故のリスクといかに向き合い、安心社会構築のために何をなすべきかを考えてみたい。

東日本大震災で亡くなられた多くの方々に心から哀悼の意を表するとともに、現在被災地や避難先にて不自由な生活を送られている被災者の皆様にお見舞い申し上げる。一日も早い復興のために、また、第二、第三の福島第一原発事故が国内外で稼動中の原発で起こらない安全な社会基盤を構築するために、一緒に頑張っていきたいと思う。

目　次

第5章　福島第一原発事故からの教訓——限界のない原発事故とどう向き合うか——89

装幀＝虎尾　隆

第1章　福島第一原発事故――福島第一原発で何が起こったか

日本にある54基の原発のほとんどは、図1・1（a）に示されている加圧水型原子炉（ＰＷＲ：Pressurized Water Reactor）もしくは図1・1（b）の沸騰水型原子炉（ＢＷＲ：Boiled Water Reactor）である。沸騰水型原子炉（ＢＷＲ）は、原子炉圧力容器で水を沸騰させて蒸気を作るタイプであり、加圧水型原子炉（ＰＷＲ）は、原子炉圧力容器から高温水を外部に取り出して蒸気発生器に通し、そこで蒸気を作るタイプである。沸騰水型原子炉は仕組みが簡単で作りやすいが、核燃料棒が壊れると放射能を含んだ蒸気がタービンに入ることになる。一方、加圧水型原子炉では、原子炉から直接蒸気が出ないため、タービンに放射能が接触しないという利点がある。また、沸騰水型原子炉では制御棒が下から入れられるのに対し、加圧水型原子炉では制御棒は上から挿入されるという違いがある。福島第一原発で用いられていたのは、沸騰水型原子炉である。

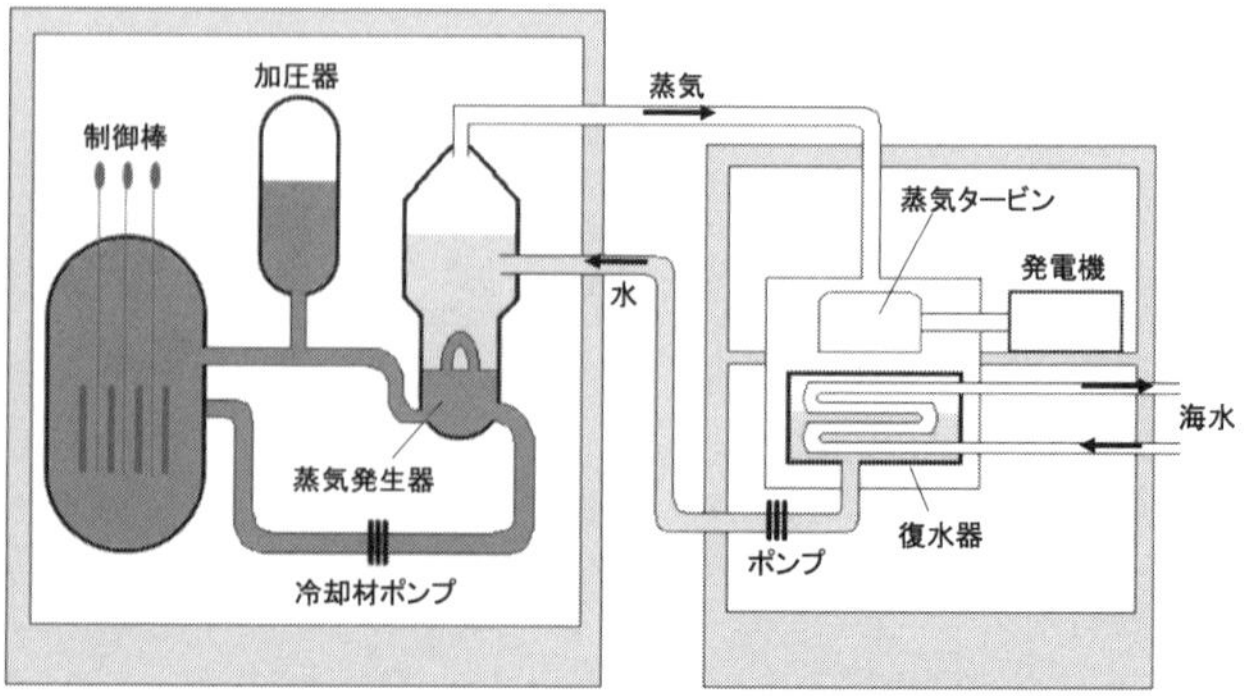

図1・1（a） 加圧水型原子炉（PWR）

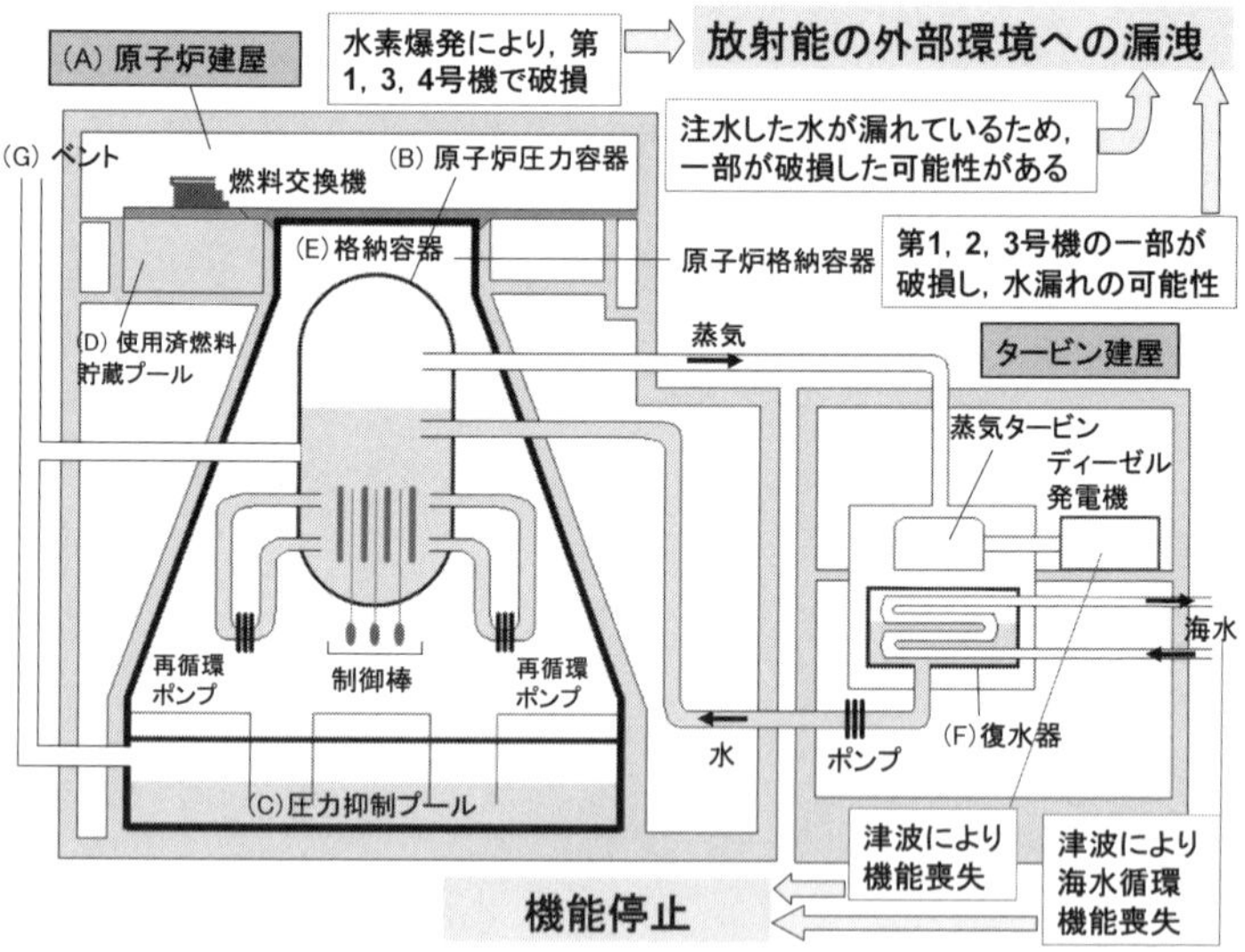

図1・1（b） 沸騰水型原子炉（BWR）

まず、福島第一原発第1号機から第6号機までのそれぞれについて、いかなる状態に陥ったかについて整理しておこう。

原子炉では、万が一の場合には「止める」「冷やす」「閉じ込める（遮蔽する）」の3つの機能が必要不可欠である。核反応を「止める」ことができても、核反応によって崩壊熱が発生しているため「冷やす」機能を長期間継続しなければならない。また、放射能が外部に拡散しないように「閉じ込める」機能が必要不可欠なのである。事故を起こした第1号機〜3号機の3つの原子炉に関して、地震発生直後に原子炉の核反応を「止める」ことはできていた。第4号機、第5号機、第6号機は地震発生時定期点検中だったので「止まって」いた。第4号機の原子炉圧力容器には核燃料は入っていなかった。第5号機と第6号機の原子炉圧力容器には、核燃料が入っていた。

第1〜4号機の非常用ディーゼル発電機は、水冷式であった。第5号機と第6号機の非常用ディーゼル発電機は水冷式ではなく、空冷式のものであった。第6号機の非常用発電機だけは、内陸側の原子炉建屋近くに設置されていたため、津波でタービン建屋が冠水しても、その機能が維持された。ここから第5号機と第6号機に電気を送ることができたため、これらの原子炉の圧力容器と使用済み核燃料プールを「冷やす」機能は失われずに、使用済み核燃料プールの水位も保たれ、大事に至らずにすんだ。

第1号機に関しては、津波の襲来後に、非常用発電機、海水ポンプ、隔離時復水器（図1・1（b）

の（F））の機能を喪失し、緊急炉心冷却装置（ECCS：Emergency Core Cooling System）が機能しなくなり、原子炉を「冷やす」ことができなくなった。その結果、原子炉が高圧になり、大量の蒸気が図1・1（b）の（C）圧力抑制プールに放出された。そして、原子炉内の水位が低下し、燃料棒が露出した。露出した燃料棒の温度が2000℃以上になり、燃料棒の金属被覆成分（ジルコニウム）が水蒸気と反応し酸化ジルコニウムとなった。これが水の酸素と反応し、水素が発生した。また、放射能が燃料棒から漏れ出した。正常では約4気圧の格納容器の圧力が9気圧まで上昇したため、格納容器と外気の間にある弁を開けて、ベント（降圧操作）（図1・1（b）の（G））を繰り返し実施した。これにより放射能が外部環境中に放出された可能性が高い。図1・1（b）の（C）圧力抑制プールに放出された水素が格納容器の上部に移動し、高圧化の影響によって格納容器上部のすき間から原子炉建屋に漏れ出し、建屋内の酸素と反応し、水素爆発が発生し、建屋の上部が吹き飛ばされた。水素爆発による建屋下部への影響は小さかったと推測されている。水素爆発によって、放射能がさらに外部環境に放出された。

第1号機では、原子炉につながる配管に消火ポンプで淡水を注入し、原子炉の水位を回復し、「冷却機能」を復帰させようとしたが、淡水がなくなってしまった。福島第一原発の南西10㎞に位置する坂下ダムから取水できるようになっていたが、地震によって配管故障等が発生し、ここからは取水できなかった。緊急措置として、淡水の代わりに海水を用いる方策も考えられるが、すぐに海水が使用されることはなかった。その理由として、次の2点が推測されている。まず、海水を原子炉に注入することは廃炉を意味し、そのためのコストを避けたかった。次に、海水を注入すれば、海水の蒸発によって塩が析出し、これが障害となって十分な水が原子炉に送られなくなる可能性がある。

第2号機と第3号機に関しては、緊急炉心冷却装置が第1号機よりも長く作動したが、やがて停止し、第1号機と同様にすべての「冷やす」機能を喪失した。第3号機に関しては、第1号機と同様のプロセスを経て、ベントと水素爆発によって放射能が外部環境へ放出された。また第3号機は、MOX燃料（使用済み核燃料から取り出されたプルトニウム239とサーマル・ニュートロンから作られる）を使用したプルサーマル発電が実施されているため、第1号機よりも強い放射能（たとえば、プルトニウム239はウラン235に比べて中性子線の数は約1万倍である）が外部環境に放出されたと考えられている。第2号機に関しては、建屋から水素を逃がすことができ、水素爆発は回避された。しかし、図1・1（b）の（C）圧力抑制プールで爆発音が確認されており、圧力抑制プールの損傷が疑われている。この影響で、放射能が外部環境に大量に放出された可能性がある。

第4号機に関しては、第1号機～第3号機と同様に非常用ディーゼル発電機と海水ポンプの機能を喪失したが、定期点検のために原子炉は冷温停止中で、前述のように原子炉圧力容器内に核燃料は入れられていなかった。しかし図1・1（b）に示す（D）使用済み核燃料プールの水の蒸発が予想外に早く、プールの冷却機能が失われた。その結果、燃料棒の金属被覆成分であるジルコニウムと水蒸気が反応し、酸化ジルコニウムが産生され、これが水の酸素と反応して水素が発生した。第1号機、3号機と同様のプロセスを経て、この水素と建屋内の酸素が反応して、水素爆発が起こった。使用済み核燃料も崩壊熱を持っているため、長期間にわたってプールで「冷やす」ことが必要不可欠なのである。

ここで注意しておかねばならないのは、第4号機に格納されていた使用済み核燃料の数の多さである。第1号機～第6号機の使用済み核燃料の本数は、それぞれ292、587、514、1331、946、876であった。特に第4号機の本数が他よりも多く、これが核燃料プールの冷却機能喪失による水素爆発の原因の一つである。

原発では、使用済み核燃料をいかに処理するかという大きな問題を抱えており、各原発ともにその処理に困っているのが現状である。増え続ける一方の使用済み核燃料を処理する施設は、青森県の六ヶ所村以外にはないが、ここはまだ試運転中であり、各原発で使用済み核燃料をプールで冷却しながら保管せざるを得ないというのが現状である。

ここで一つ注意しておかねばならない点がある。これまでは、地震後の津波の影響によってほとんどすべての電源が喪失し、今回の事故に至ったと考えられてきたが、津波の襲来以前に、原子炉の「冷やす」機能が失われていたということも考えられる。『エコノミスト』２０１１年７／11臨時増刊号の中で田中三彦氏によって詳しく述べられているが、特に第1号機に関しては、地震によって配管が破損し、その結果冷却材喪失が起こり、「冷やす」機能の劣化ないし停止が発生した可能性も否定できない。じっくりと検証してみなければ明確な結論は出せないが、政府、事業者は、この可能性も含めて、事故の原因を明確かつ詳細に調べつくさねばならない。

福島第一原発のみでなく、それ以外の原発も東日本大震災の余震の影響で危険な状況に直面した。２０１１年4月7日に東北電力東通原発では、外部電源を喪失し、翌日に回復した。同日、東北電力女川原発では、外部電源が2系統分電源喪失したが、残りの1系統で「冷やす」機能を維持した。同日、青森県六ヶ所村の再処理工場においても外部電源を喪失したが、非常用電源が機能したため、大きな事故には至らなかった。こういった事故をいかに考えていくかも、これからの原発の安全な運転にとって重要であろう。たとえば、東北電力東通原発の外部電源が翌日に回復しなかった場合、東北電力女川原発の外部電源の残りの1系統も故障していた場合には、さらなる苦境に追いやられていたことになる。

第2章　事故の特性——ヒューマン・エラーの科学が教えるもの

2・1　事故の背後要因

天災、自然災害のみによってもたらされる事故はまれである。事故には必ず、図2・1（a）と（b）に示すように、複数の背後要因がある。すなわち、人間（Man）、機械（Machine）、環境（Media）、マネジメント（Management）の4M、もしくはマネジメント（management）、ソフト（Software）、ハード（Hardware）、環境（Environment）、人間（Liveware）のm－SHELがある。

これらの背後要因のいずれが破綻をきたしても、大きな事故につながる可能性がある。たとえば、人間が理解しやすいようにハードウェアやソフトウェアが作られていなければ、人間の誤操

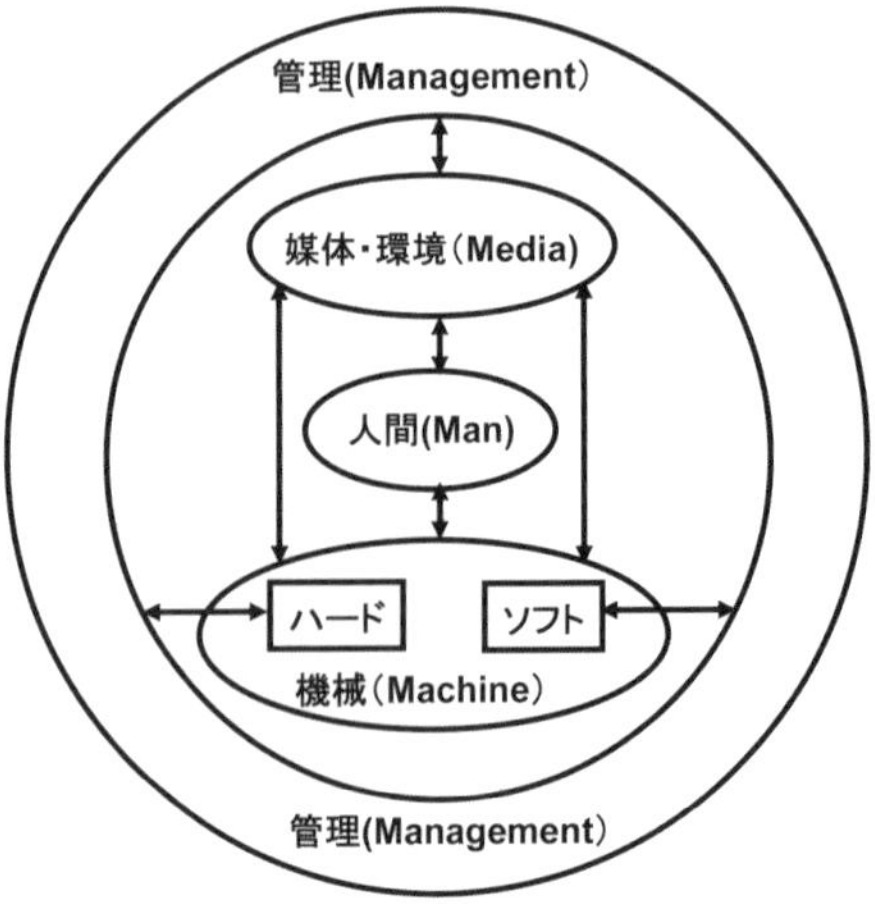

図２・１（ａ） ヒューマン・エラーの背後要因：４Ｍ

ｍ 組織の管理方法・安全哲学
Ｓ 教育・訓練方法，規則，手順，情報
Ｈ 機械，装置，設備，施設
Ｅ 温度，湿度，証明，空間
Ｌ 作業者，管理者，経営者

図２・１（ｂ） ヒューマン・エラーの背後要因：ｍ－ＳＨＥＬ

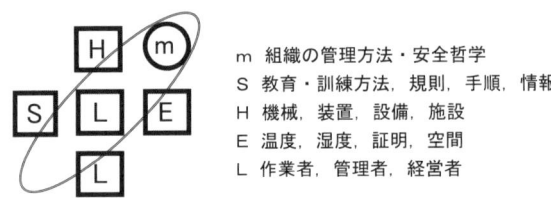

作をさそい、これが大事故につながることがある。また、たとえば行政が営業用のトラック運行に対して適切な指導を実施していなければ、運送会社が過密な運行スケジュールを組んで、それが原因になって高速道路上で大事故が発生する場合があるなど、マネジメントの要因も大切である。別の例を挙げれば、２００７年に農林水産省が、三笠フーズという会社に食用では使用しないという条件（米を食用以外で工業用に利用できるケースは皆無である）で、カビなどによる事故輸入米を安価で転売したが、三笠フーズはこれを食用として食品会社や焼酎メーカーに売ってしまったことが発覚し、大きな社会問題になった。ここでも農林水産省のマネジメント能力が問題とされた。環境の要因は、たとえば地震、悪天候などである。

２・２　事故の予測不可能性

一般的に、事故は思いもよらぬところから姿を現す。事故は、想定したところ以外から起こる場合が多いのである。たとえば、原発で地震と津波の対策をしていても、これ以外の原因で大事故が起こる可能性がある。しかし、起こった事故を「想定外」という言葉で片付けてはならない。予測不可能ではあるが、事故が起こった場合に何とかうまく対応する能力を普段から培っておくことが大切である。このような実力の涵養は、いざというときの生死を分けるものになる。また、普段から実力を養成しておかねば、いつも想定外の事故ばかりで、そもそも予測不可能な事故に対して十分に対応しきれない。

2・3　大事故は些細な事故の積み重ねの結果として発生する

ハインリッヒの法則というのがある。大事故1件の背後には、小事故が約30件、ヒヤリハット（事故には至らなかったが、あやうく事故を起こしそうになった事例）が約300件あるという経験則である。すなわち、小事故やヒヤリハットを「たいしたことがなかったのでよかった」と片付けてしまい、なぜこのような小事故やヒヤリハットが生じたかに対する詳細な分析を行わずに放置すれば、いつかは大事故が生じてしまう。些細なことやたいしたことがない事故に対しても、日頃から気を配り、これを生じさせる原因を除去しておかなければならない（図2・2参照）。

図2・3は、スイスチーズモデルと呼ばれており、事故に対する概念を表している。スイスチーズは非常に薄く穴が開きやすいが、何重にも重ねると光を当てても向こう側に漏れることはない。しかし、たまたま穴が一致すると光が漏れる。これが事故に相当するということを表している。

チーズの穴の位置に影響を及ぼすのが、組織文化、安全文化であると考えられている。安全文化、組織文化が成熟している場合には、穴（ヒヤリハットや中・小事故）も小さく、これに対する対応も十分にできているため、大きな事故に発展することはない。

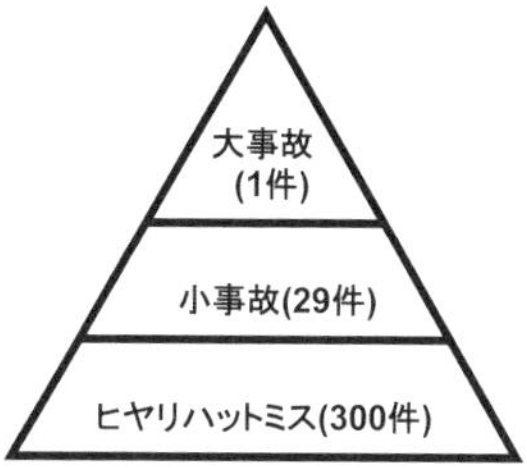

図２・２　ハインリッヒの法則

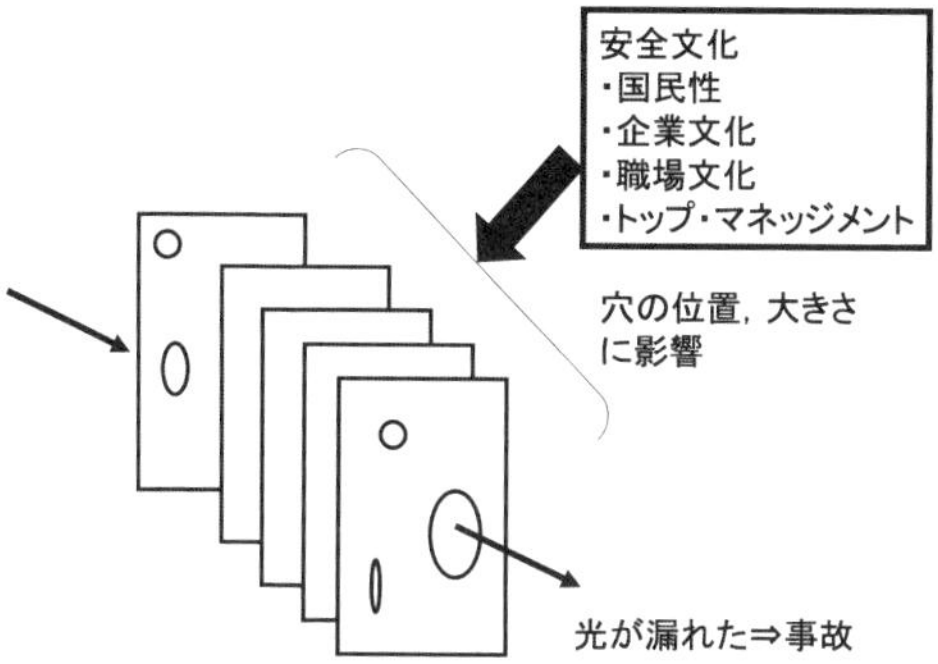

図２・３　スイスチーズモデル

2・4　事故の繰り返し性

事故には、繰り返し性がある。たとえば、臨界事故は、JCO、北陸電力志賀原発第1号機、東京電力福島第一原発第3号機などで繰り返されている。また、第3章で述べるスリーマイル島原発事故の主蒸気逃がし弁の「開」固着と同様のトラブルが、1977年9月に同種のバブコック社製加圧器を使用しているアメリカ、オハイオ州のデービス・ベッセ原発第1号機において発生したが、このときには、オペレータが逃がし弁の開固着に気づくのが早かったため、元弁を手動で閉め給水量を確保し、大きな事故に発展しなかった。

原発事故以外でも、1994年4月に名古屋空港で起こった中華航空機墜落事故の直接的な原因は、エアバスA300－600Rに対して、副操縦士が「着陸モード」から「着陸やり直し」モードに切り替えてしまい、このモードを解除できなかったことであった。機長も副操縦士も経験豊富であったが、ボーイング社の航空機からエアバス社の航空機に変更されたばかりで、ベテランのパイロットでさえも解除方法がわからなかった。同種のトラブルは、5年前にもフィンランドのヘルシンキ空港で発生していたが、このときは何とかモードの解除ができ、ヒヤリハットミスですんだ。

１９８８年に東京湾で起こったなだしお釣り船の衝突事故に際して当時の防衛庁は、２度とこのような事故を起こさないと言っておきながら、２００８年2月にイージス艦あたごで同種の事故を繰り返し起こしてしまった。この事故から何日か後には、明石海峡でタンカーや貨物船３隻が衝突事故を起こしている。２００７年から２００８年にかけては食品偽装関連の事故が頻発した。２０１１年5月27日にはＪＲ北海道で列車の中から白煙があがり、乗客が車内で立ち往生する事故が発生したが、この８日後の6月５日にもＪＲ北海道で同種の事故が発生した。

これらの例が示すように、１つの事故が起こると、別のところでも似たような事故が起こることが多い。

２・５　事象の連鎖

事故は単独の事象が原因となるというよりは、いくつかの事象が連鎖的に発生し、これがある不可避点を超えた場合に起こる（図２・４参照）。野球の試合などでは、エラーが連鎖反応的に発生して、大敗したり、大事な試合を落としたりすることがある。プロ野球のチームといえども、監督の采配通りに試合が進んでいく場合はまれである。あそこでピッチャーがもう少し踏ん張っていれば（すなわち敗戦への不可避点を超えていなければ）、勝ち試合になっていたかもしれないということはよくある。そこで、采配に長けている監督やベテランキャッチャーなどは、エラーの連続が不可避点に達しないように、一息入れて間を取ることをよく行う。

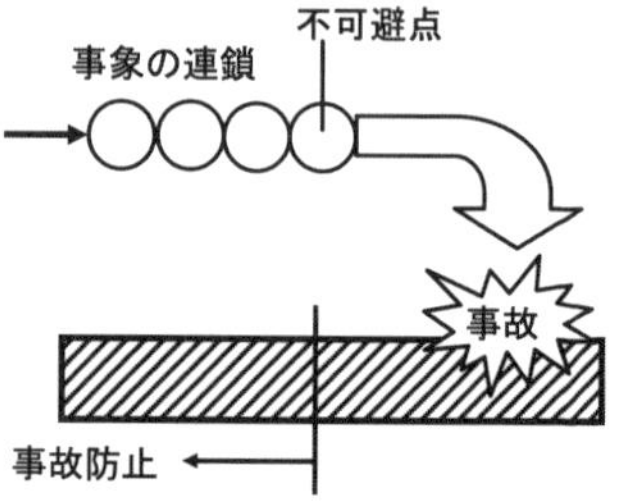

図2・4　事象の連鎖

不可避点を超えないように、普段から小事故やヒヤリハットに対して緊張感を持ちながら接し、その原因を分析し、これらが発生しないように、個々の作業者、組織のレベルで努力を持続させることが必要不可欠である。不可避点の一歩手前で事故がおさまり、大事故に至らなかったケースは多々ある。「大事故に至らなかったからよかった」で終わらせるのではなく、なぜそのようなことが起こってしまったかを客観的かつ冷静に分析する習慣と、そのための能力を身につけておく必要がある。

福島第一原発第5号機と第6号機においては、第1章で述べたように、最後の砦である非常用ディーゼル発電機が何とか起動したため、冷温停止することができた。第1号機から第4号機までの事態の収束が注目されているが、第5号機と第6号機に関しても、もう少し安全に（最後の砦に頼らなくても）事態を収束させるためには、何が必要であったか十分な反省を要するだろう。

野球の試合に譬えれば、たまたま勝ったものの、大いに反省点のある試合であったということである。こういうところできっちりと反省できるか否かが、強いチームと弱いチームの分岐点になるように、「たまたま大事故に至らなくてよかった」だけでは、市民が安心できるような安全対策を事業者や政府に任せられないだろう。

2・6 事故はヒューマン・エラーが引き金となる場合が多い

事故の最初には、必ず人的な要因が存在する。たとえば、1979年に発生したスリーマイル島原発事故（3・1を参照）のきっかけは、点検中にタービン建屋内で補助給水ポンプのブロック弁を「閉」にしたまま、「開」にするのを忘れてしまうというヒューマン・エラーが引き金となった。また、事故の進展において、加圧器逃がし弁の「開」に2時間も気づかないエラー、緊急作動したECCSを停止させた判断エラーなども連鎖した。

人間が機械・システム等を使用して種々の日常活動や社会活動が行われている限り、どのように機械やシステムが進歩しても、人間との接点（専門的には、インターフェースと呼ばれる）はなくならない。したがって、事故には必ずと言っていいほど人間的要因が関わることになる。人間の心の働きにうまく適合し、人間がエラーを犯しにくいような機械やシステムを作ることは大切である。これが人間工学という学術分野の究極の目標である。

2・7 事故の背後にはマネジメントの要因が必ず存在する

図2・1(a)、(b)に示すように、4Mモデル、m-SHELモデルのいずれにおいても、マネジメントの背後要因が他の背後要因を取り囲むように描いてある。これは、たとえば機械(ハード、ソフト)の問題が事故の背後要因として存在する場合には、その根底には必ず機械の不都合(たとえば、故障を隠しての操業、定期点検の不実施、設計段階でのエラー)を放置したマネジメントの悪さがあるということを示している。たとえば、3・1で述べる「スリーマイル島原発事故」においても、過去の同種の蒸気発生器に対するトラブルから学んでいこうという姿勢が、マネジメント側に欠如していた。

2・8　事故の背後には違反行動・情報隠蔽が潜んでいる

福島第一原発事故に際しても、たとえば放射能が外部環境にどの程度放出され、どの程度の影響が及ぶのかについて、文部科学省が有している最先端のSPEEDIという放射能拡散予測のためのシミュレーション・システムがあるにもかかわらず、われわれには正確な情報が伝えられていなかった。第1号機が水素爆発した情報でさえ、われわれには即時に伝わらず、5時間程度の時間遅れが発生している。

福島第一原発関連の東京電力による情報隠蔽体質は、枚挙に暇がないほど数多い。たとえば、1978年に福島第一原発3号機で約7時間半に及ぶ臨界が発生したが、この事実が30年もの間隠蔽されていた。2011年3月の福島第一原発事故の背後要因には、事業者の隠蔽体質があると言っても過言ではないだろう。

また、2007年に発生したEXPOランドのジェットコースター事故、西友ストア平塚店でのエスカレータ事故などにも、それぞれ定期点検義務違反、はさまれ防止用の遮蔽板設置違反など、必ずと言っていいほど違反行動が隠されている。JR西日本福知山線脱線事故の直接的な原因は、伊丹駅での遅れを取り戻すための、スピード超過という違反行動とATS（自動列車停止装置）という安全装置を設置しなかったことである。また、飲酒運転による死亡事故などは、警察庁が一生懸命に取り締まり活動を行っても、後を絶たない。

人間のエラーには、意図しないエラーと意図的に行われる（すなわち、やってはいけないとわかっているが意図して違反行動を実行してしまう）エラーに分けることができる。意図しないエラーに関しては、発生頻度等に個人差はあるものの、誰しもが犯す可能性のあるものであり、うまく付き合いながら、大きな事故に至らないようにする必要がある。一方、意図的なエラー、すなわち違反行動に関しては、現在のところ適切かつ十分な予防策はない。3・7で述べるJCO臨界事故では、当時の科学技術庁から、指定された工程の通りに作業を実施し、「質量制限」「形状制限」を絶対に遵守するように厳しく指導されていたものの、違反行為により6回の工程変更を実施し、臨界反応が生じ、茨城県東海村近隣では、一時的に騒然とした状況に陥った。

2・9　事故の背後には必ず効率重視（安全性＜効率）の考え方へのシフトがある

2003年のクロネコヤマトのメール便の未配達事件、美浜原発配管亀裂事故（3・6で述べる)、JCO臨界事故（3・7で述べる）のように、安全性よりも効率重視の考えに組織が至った場合に、大事故・事件が発生する。また、新しいシステムほど経済性重視の考えによって、古いシステムの無駄を削ったため、これが原因で事故が起こる場合がある。

美浜原発配管亀裂事故では、作業者のエラーによって事故の原因となった破損配管が点検リストから漏れていたことが、直接的な原因であった。点検箇所は総計で6万3000箇所もあり、安全性より効率の考え方にシフトし、アウトソーシング企業への丸投げによる関西電力と三菱重工の責任放棄が主要な原因と考えられている。JCO臨界事故も、安全性より効率の考え方に従って、6回にわたる違反によって工程を変更してしまったためである。さらには、前述の三笠フーズの事故米の食用への転売（違反行動）の原因は、経営難により、食の安全性よりも会社の営業を優先させたためである。

原発においては、福島第一原発事故のような限界のない影響を及ぼす事故が発生してしまうため、効率重視へのシフトがあってはならない。原子炉の耐用年数は30～40年である。使用年数が長い原子炉に関しては、材料強度学的な問題が頻繁に指摘されているにもかかわらず、原子力安全保安院は、簡単な審査で耐用年数を超える操業延長を認めてしまう。さらに、当初は9ヶ月運転で3ヶ月メンテナンスだった体制が、現在は14ヶ月運転で40日メンテナンスになっているようだ。これも、効率重視（安全性より効率）へのシフトと考えられる。第1章で、運転開始から40年経過する福島第一原発第1号機に関しては、津波襲来以前に地震の影響で配管破損により冷却材喪失に至った可能性も否定できないことを述べた。複雑な配管系が経年変化で地震に耐えられなくなっていたことは、十分に考えられる。事故の原因を正しく追求してほしい。

第3章　これまでの原発事故・トラブルの事例

3・1　スリーマイル島原発事故（1979年3月）

1979年3月、スリーマイル島原発の加圧水型原子炉（PWR）（図3・1参照）で、炉心溶融による放射能の外部漏れ事故が発生した。

まず、弁を作動させる系の水漏れによって蒸気発生器に冷却水を戻す主給水ポンプ（図3・1（b）の23）が停止した。原子炉建屋内の蒸気発生器（図3・1（a）の4）に冷却水が引き続き送られるようにするために、タービン建屋内の補助給水システムが自動起動し、冷却機能が維持されるはずであった。しかし、数日前に点検が行われ、そのとき補助給水ポンプ（図3・1（b）の

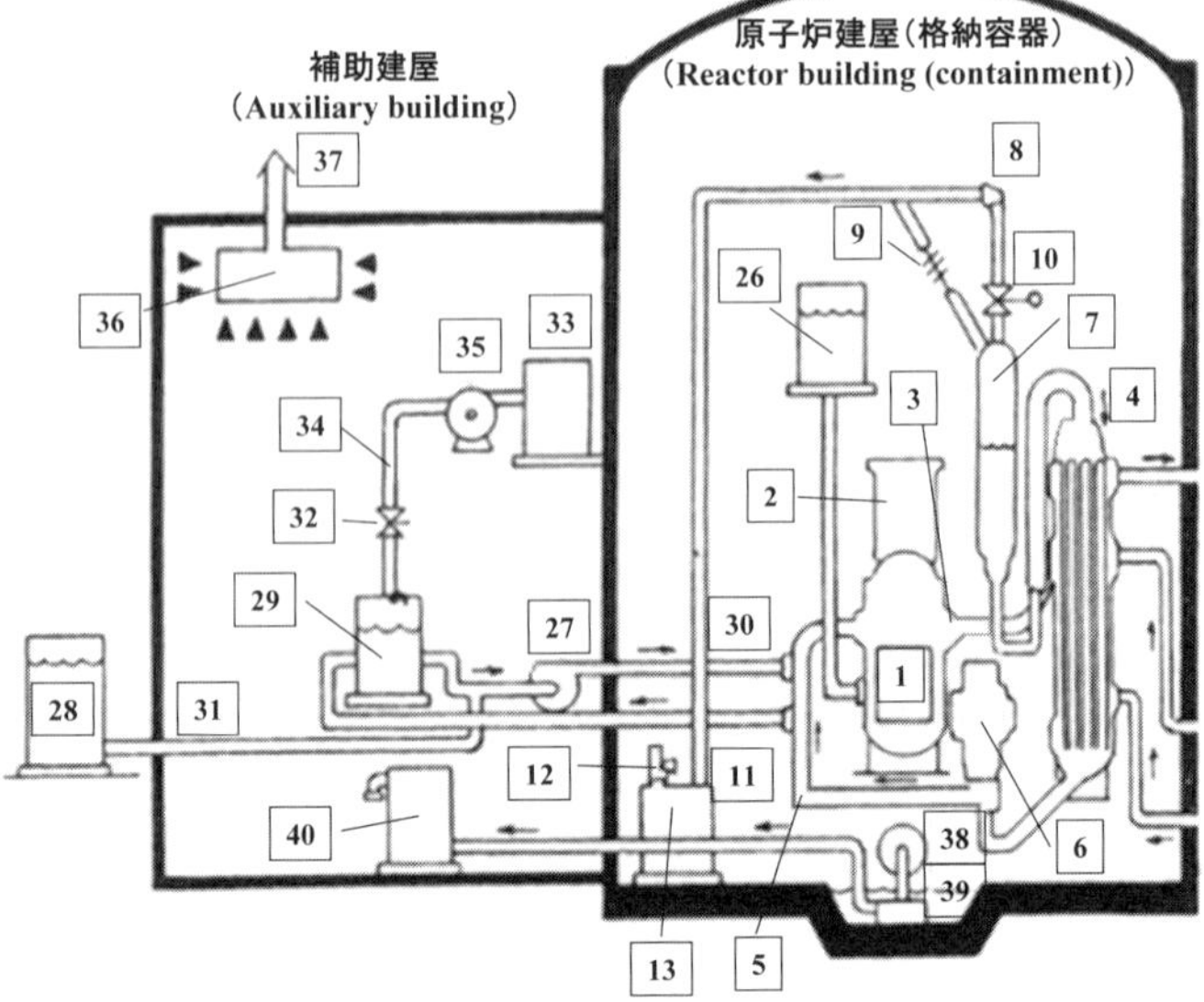

図３・１（ａ） スリーマイル島原発（原子力白書，1989 年より）

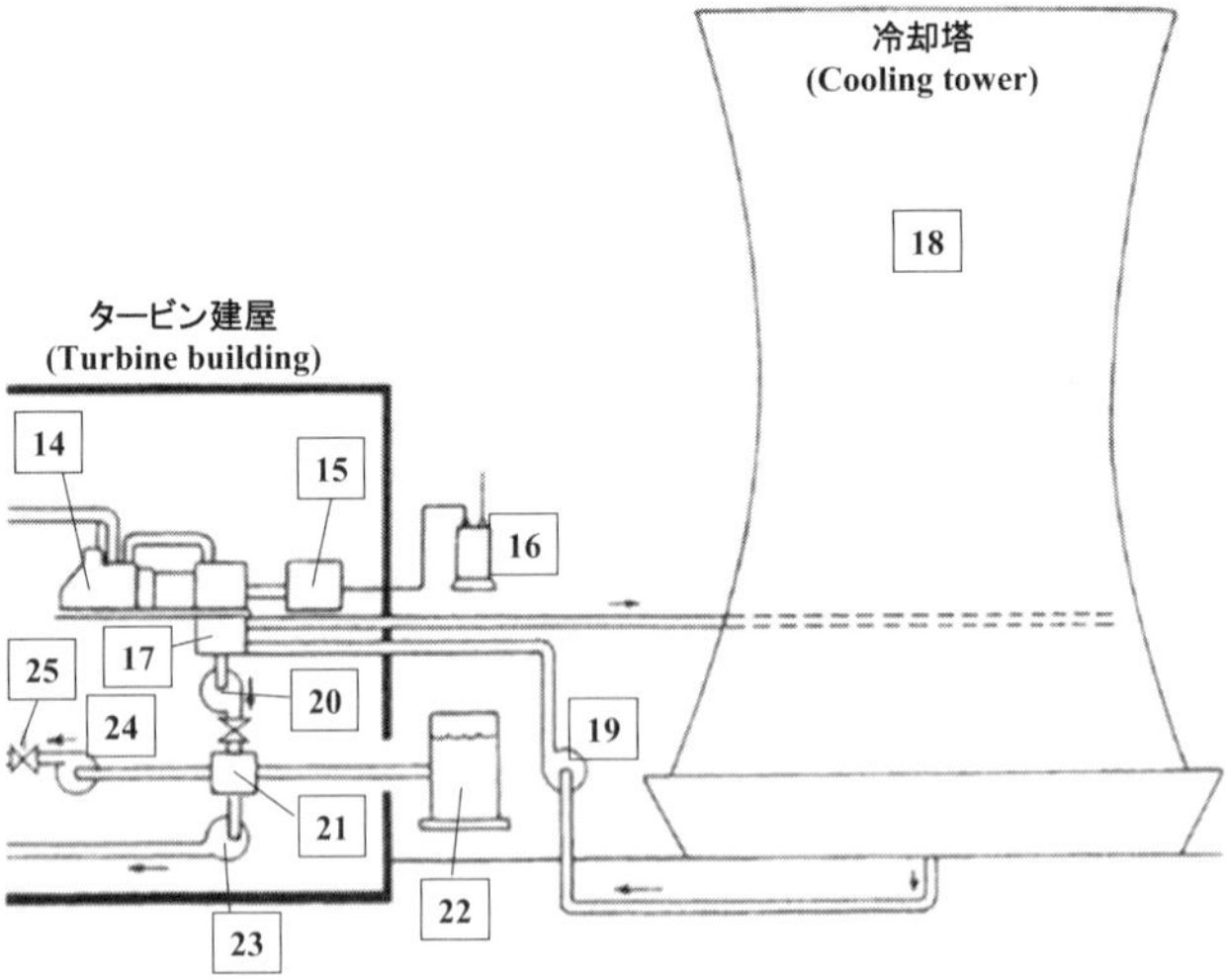

図３・１（ｂ） スリーマイル島原発（原子力白書，1989 年より）

1：炉心（Reactor core）
2：制御体（Control rode）
3：ホットレグ（Hot leg）
4：蒸気発生器（Steam generator）
5：コールドレグ（Cold leg）
6：冷却材ポンプ（Reactor coolant pump）
7：加圧器（Pressuriger）
8：加圧器逃がし弁（Pilot operated relief valve）
9：安全弁（Safety valve）
10：元弁（Block valve）
11：ドレンタンク（Drain tank）
12：逃がし弁（relief valve）
13：ラプチャーディスク（Rupture disk）
14：タービン（Turbine）
15：発電機（Generator）
16：変圧器（Transformer）
17：復水器（Condenser）
18：冷却塔（Cooling tower）
19：水循環ポンプ（Circulating water pump）
20：復水ポンプ（Condensate pump）
21：脱塩棟（Demineralizer）
22：復水貯蔵タンク（Condensate storage tank）
23：主給水ポンプ（ Main feedwater pump）
24：補助給水ポンプ（Emergency feedwater pump）
25：元弁（Block valve）
26：コア・フラッド・タンク（Core flood tank）
27：高圧注水ポンプ（High pressure injection pump）
28：ホウ酸水貯蔵タンク（Borated water storage tank）
29：メークアップタンク（Makeup tank）
30：メークアップ配管（Makeup line）
31：抽出配管（Letdown line）
32：ベント弁（Vent valve）
33：廃ガス減衰タンク（Waste gas decay tank）
34：ベントヘッダー（Vent header）
35：排ガス圧縮機（Waste gas compressor）
36：換気フィルタ（Ventilation filters）
37：スタック（Stack）
38：サンプ（Sump）
39：サンプポンプ（Sump pump）
40：放射性廃棄物貯蔵タンク（Radiation waste storage tank）

24）の出口弁（ブロック弁ＥＦ－Ｖ12）（図３・１（ｂ）の25）が閉じられたが、これを開けるのを作業員が忘れるというヒューマン・エラーが発生していた。さらに悪いことが重なり、中央制御室のオペレータが、補助給水ポンプの出口弁が「閉」であることを示す赤ランプが点灯していることに全く気づかないというヒューマン・エラーも発生した。

正常な場合には、３２０℃の１次冷却水は、給水ポンプまたは補助給水ポンプの水によって２９０℃くらいに冷却され、原子炉へ戻される。しかし、補助給水ポンプのブロック弁ＥＦ－Ｖ12の開け忘れと、それに気づかないという２つのヒューマン・エラーが原因となって、１次冷却水は高温のまま原子炉へ戻され、原子炉の温度が急上昇し、原子炉内の空気の熱膨張により原子炉の圧力が上昇した。そこで、原子炉の圧力を下げるために、原子炉格納容器内の加圧器逃がし弁（図３・１（ａ）の８）が自動的に開き、格納容器に蒸気が流出し始めた。流出した蒸気は、格納容器内の逃がしタンク（ドレイン・タンク）（図３・１（ａ）の11）、水溜め（図３・１（ａ）の38）に溜まり続けた。原子炉内の圧力が十分に下がらなかったために、制御棒が入り、原子炉が自動停止した。ここでも、悪い事象が連鎖し、原子炉の圧力を下げるために「開」になった加圧器逃がし弁をオペレータが閉じようとしたが、ハードウェアの故障のため加圧器逃がし弁を実際には閉じることができなかった。１次冷却水に含まれる中性子線を吸収するためにホウ酸を入れたが、ホウ酸が加圧器逃がし弁の出口に溜まったため、弁を閉じることができなくなったのである。だが中央制御室の表示系では、実際の状態を反映せず、加圧器逃がし弁は「閉」と表示されていた。中央制御室の表示は、実際に加圧器逃がし弁が閉じられているかどうかではなく、「開」または「閉」の駆動系へ通電したかどうかを示すだけのものであった。

こういう状況において、中央制御室のオペレータは、補助給水ポンプの出口弁は「開」になっているという思い込みのヒューマン・エラーを犯していることに気づいていなかった。また、「加圧器の水位と原子炉内圧は正比例的に変化する」という常識的な現象に反する現象（すなわち、加圧器の水位が上昇し、原子炉内圧が低下）の発生に対して、オペレータはその意味を理解できていなかった。この状況においても、オペレータは「水位計（機械系で駆動）と圧力計（電気系で駆動）のいずれかの故障だが、今回は圧力計の故障であって、原子炉内の圧力は低下していない」という思い込みのエラーを犯してしまった。このときにも加圧器逃がし弁から流出した蒸気は、格納容器内の逃しタンク（ドレイン・タンク）、水溜めに溜まり続け、さらには補助建屋内の充填タンク（図3・1（a）の29）、ホウ酸水貯蔵タンク（図3・1（a）の28）が満杯になり、メイクアップ・ポンプ（図3・1（a）の27）から放射能に汚染された水が溢れ、格納容器内では蓄圧タンク（図3・1（a）の26）にも蒸気が流れ込んでいた。

ここで自動的にECCSが起動し、原子炉内に高圧注入ポンプから水が送り込まれ、その直後に加圧器の水位計が振り切れた（オペレータは、水位計の状態は正しいと思い込んでいた）。一般原則として、加圧器の水位は、目盛の中央付近に保つことが望ましいとされているため、水位計が振り切れたことに対して（この場合、水位計は正しい状態を示していないにもかかわらず）、オペレータは、さらに思い込みによるヒューマン・エラーを重ね、加圧器の水位を下げようとして、ＥＣＣＳを手動モードに切り替え、徐々にＥＣＣＳを停止させてしまった。すなわち、圧力計が壊れていて、原子炉内の水位は十分に高いと思い込み、ＥＣＣＳから水を送ればさらに圧力が高くなるという間違った判断をしてしまった。実際には、オペレータの判断とは異なる状況が原子炉内で進展していた。原子炉内の水は高温蒸気となり、加圧器逃がし弁から格納容器内に激しく噴出し続け、原子炉内の水は失われる一方だったのである。原子炉内の圧力は低下し、水の沸点を超えたため、加圧器内は激しく沸騰し、加圧器の水位は上昇した。

スリーマイル島原発の原子炉は、バブコック社製の蒸気発生器を用いていた。この蒸気発生器は、２次冷却水の量が少なくてすみ発電効率が良かったが、２次冷却水の主給水系が停止した場合には、１次系の熱交換に支障をきたすという欠点を有していた。こういったケースでは、原子炉を「冷やす」ことができなくなり、原子炉が干上がる危険性が高いものであった。さらに時間が経過し、燃料棒のジルコニウム合金が水蒸気と反応して水素が発生した。また、格納容器の逃がしタンクに水が溜まりすぎたため、これを汲み出すために格納容器の水溜めから補助建屋に水を送り出すポンプが自動起動し、補助建屋の廃液貯蔵タンクに水が溢れた。これにより、強い放射能を含んだ水が大気中に溢れ出した。この状況においても、オペレータは事態を把握できていなかった。この背後には、事態を把握・判断するためのコンピュータの処理が遅すぎるために、タイムリーな判断を下せなかったという問題が存在していた。またコスト重視により、安価なプリンタが導入されていたため、状態をオンラインでプリントするためのプリンタの処理速度が遅すぎ、これも事態の正確な把握を阻害した。ＥＣＣＳ起動時には原子炉格納容器を完全に遮断するという規則があったが、この規則が守られていなかった。もし守られていれば、強い放射能を含んだ水が、補助建屋から外部に放出されることもなかった。

事故発生から約2時間後に、加圧器逃がし弁が「開」であることにオペレータが気づき、その下にある元弁（図3・1（a）の10）を閉じ、原子炉からの水の流出が停止したが、原子炉で起こっている事態を把握できていないため、ＥＣＣＳを再起動させて炉心を「冷やす」処置が実施されなかった。さらに時間が経過し、炉心で発生した水素が酸素と反応し、水素爆発が発生した。ただし、スリーマイル島原発では、福島第一原発をはじめとする日本の原発とは異なり、航空機の墜落にも耐えられるように格納容器が強固に作られていたため、水素爆発によって放射能が原子炉格納容器の外部に拡散することはなかった。しかし、（A）補助建屋内にある1次冷却水の抽出配管（図3・1（a）の31）と（B）原子炉格納容器内のサンプル・ライン（補助建屋に通じている）の経路をたどって強い放射能を含んだ水が外部に流出してしまった。補助建屋内の抽出配管に通じている充填タンクに溜まったガスを廃ガスタンクへ移そうとしたことも、放射能の外部流出の原因となった。

さらに悪いことに、当初事故の情報が隠蔽されたため、郡緊急対策準備部の憶測による避難勧告（誤報であった）がローカルラジオ局を通じて出され、周辺住民が一時的なパニックに陥った。電力事業者、行政側ともに非常事態への対処能力に問題があるとされた。

以上で述べた事故の背後には、人間工学の観点から見て、以下の4つのシステムの不備とヒューマン・エラーがあった。

（1）加圧器逃がし弁の状態を正確に判断できないシステム・表示系

水位計、加圧器逃がし弁の状態を表示する中央制御室の表示系が、実態を表していなかった。加圧器逃がし弁の真の状態（「開」か「閉」）を判断するには、出口側配管の温度計の状態をモニターする必要があるが、スリーマイル島の原発では、加圧器逃がし弁の真の状態をオペレータが容易に判断できるようにシステム・表示系が設計されていなかった。また、出口側配管の温度計の状態をモニターしながら、加圧器逃がし弁の状態を見極めることができるように、オペレータが訓練されていなかった点も見過ごすことはできない。

（2）オペレータの思い込みとトレーニング不足

この事故では、オペレータが、全体を概観した総合判断を下さずに、加圧器の水位計のみに基づいて、思い込みで重要なＥＣＣＳによる原子炉を「冷やす」機能を停止させてしまった。ここには、（1）のシステム・表示系の問題に加えて、オペレータに対する緊急時のトレーニングが十分ではなく、炉心の圧力が低いにもかかわらず、ＥＣＣＳを停止させるという「技術仕様書」のルールに違反する行為に至ったものと考えられる。

（3）ＮＲＣによるＥＣＣＳ起動時の原子炉格納容器完全隔離の規則を遵守できない原発の設計

「技術仕様書」のルール違反とともに、ＥＣＣＳ起動時には原子炉格納容器を完全に隔離するというＮＲＣ（National Regulatory Commission）の規則を遵守可能なように原発が設計されていなかったために、放射能を帯びた水が外部に放出されてしまった。

（4）補助給水ポンプ出口弁の「閉」に気づきにくい表示系

（1）、（2）でも述べたように、スリーマイル島原発は、表示系の設計自体に大きな問題があった。事故の根本原因である補助給水ポンプの「閉」に気づかなかった理由も、表示系の設計における人間工学的な配慮の欠如にあったことが指摘できる。われわれの先入観では、緑の点灯は正常又は安全を、赤の点灯は以上または危険を表すのが一般的である。しかし、補助給水ポンプの出口弁の表示では、赤が正常または安全、緑が異常または危険を表し、他の表示は逆であるなど、全く一貫性のない表示系であった。このような表示系においては、人間が思い込みによるヒューマン・エラーを犯す可能性が高くなる。また、中央制御室で多数の警報が一斉に作動すると、オペレータはこれらの情報すべてに適切な注意を向けて、問題点発見などの適切な処理を行うことができなくなってしまう。

システムに関しては、これまでに述べてきた点以外にも、たとえば以下のように情報を正しく把握できるようになっていなかった。また、これらの判断が適切にできるようにオペレータが十分に訓練されていなかった。

(4)-A：水溜め（サンプ）の警報の意味の適切な理解を妨げる表示系

水溜め（サンプ）に関する警報として、中央制御室では、逃がしタンク（ドレイン・タンク）が高温で圧力が0であると表示されたが、逃がしタンクの安全蓋が水圧で飛ばされていることに全く気づかなかった。また、これに関連して、中央制御室の表示パネルの裏側に加圧器逃がし弁に関する情報が表示されていたため、これに全く気づかなかった。

(4)－B：1次冷却ポンプの激しい振動に対する適切な処置を可能にしないシステムの設計

1次冷却ポンプの激しい振動によって、1次冷却水が不足していることに気づかねばならない。1次冷却水不足は、「冷やす」機能を維持する大きな障害となり、最悪の場合には1次冷却水喪失（Loss of Coolant）に至ってしまう。「冷やす」機能が完全に失われる1次冷却水喪失の可能性があるにもかかわらず、この点について全く気づかず、激しい振動を避けるために、1次冷却ポンプを停止させた。

(4)－C：格納容器の中性子のカウント増加から適切な状態判断を妨げるシステムの設計

原子炉の格納容器の中性子計測のカウント増加が観察された。そこで、1次冷却水に気泡が増えたと判断し、ここから1次冷却水不足に気づかねばならない。ホウ酸を入れることで、中性子が増加しなくなったが、原子炉格納容器内の圧力と温度が上昇した。なぜならば、加圧器逃がし弁から1次系の高温高圧水が逃がしタンクに垂れ流しの状態になっていた。1次冷却水の放射能がさらに増加しもう1つの1次冷却水ポンプも激しい振動を始めたため、1次冷却水不足にもかかわらず、こちらのポンプも停止させてしまった。圧力71・7気圧、温度280℃で、1次冷却水不足によって炉心が露出して温度が上昇し、炉心溶融が始まった。

このように、適切な判断の欠如はオペレータ側にも責任はあるものの、オペレータにプラント

（機械）を適合させる努力、すなわち人間工学の思想・理念が原発プラントの設計に全く取り入れられていなかったことを物語っている。プラントの中央制御室の目的、機能は、プラントの状態を直接的に観察することができないオペレータにも、適切に（あたかもすべての状態を直接観察できるように）正確な状態を伝えることである。これこそ、人間工学の基本理念である「Fitting the task (plant operation) to the man」（プラントで実施すべき作業を人間に適合するように作り上げること）である。原発のような大規模システムの良し悪しは、人間が種々の判断を無理なく実施し、プラントの状態をスピーディーかつ正確に把握できるよう、プラントを人間に適合させるように設計されているかどうかによって大きく左右される。人間の能力の限界を超えるような判断をオペレータに強いるようでは、良いシステムとは言えない。

3・2 チェルノブイリ原発事故（1986年4月）

1986年4月26日、チェルノブイリ原発事故が起こった。チェルノブイリの原子炉のタイプは、黒鉛減速軽水冷却沸騰水型（RBMK）と呼ばれるものであった。原子炉の構造を図3・2に示す。日本やアメリカで用いられている沸騰水型（BWR）、加圧水型（PWR）原子炉とは異

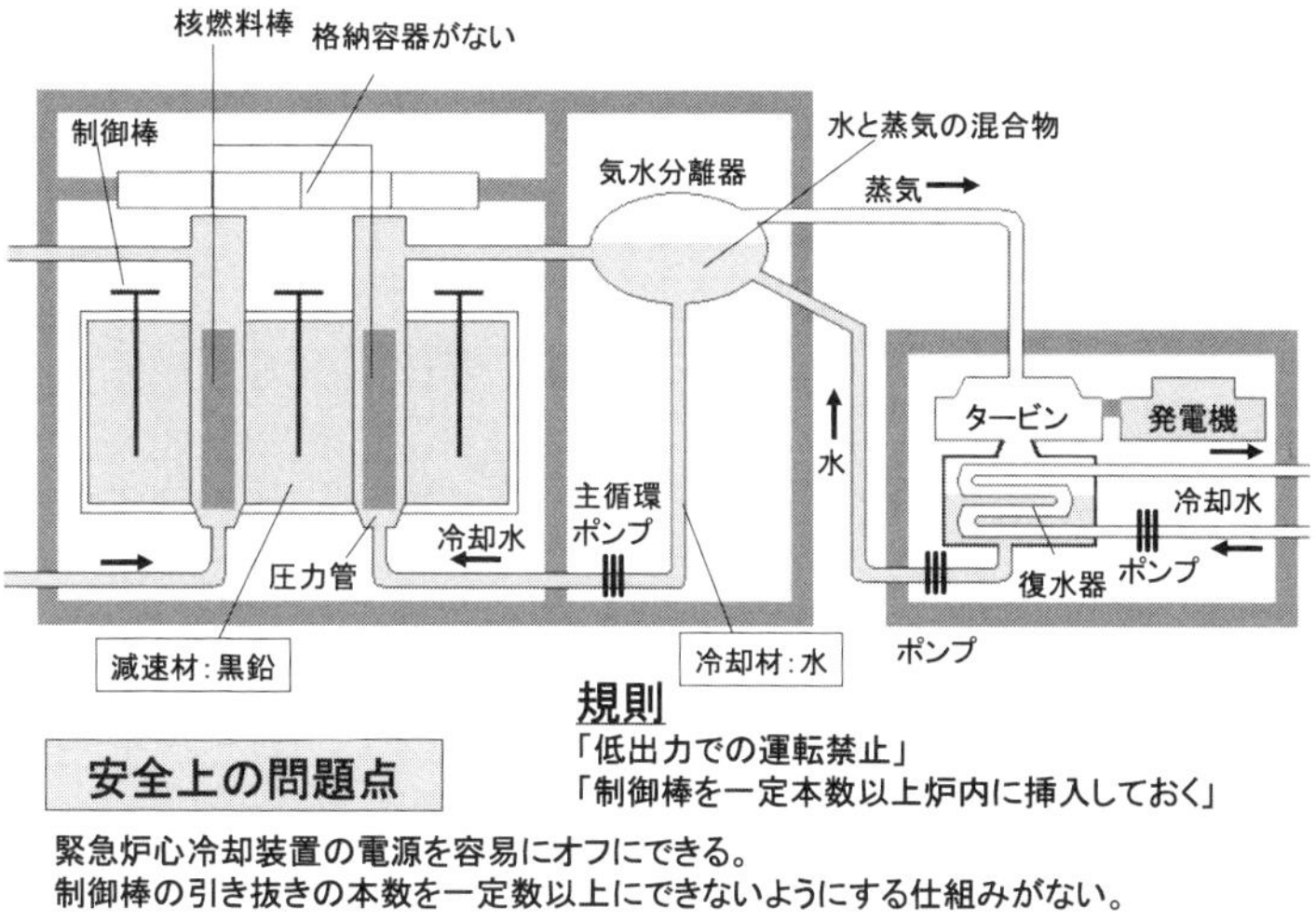

図3・2　チェルノブイリ原発の原子炉

なり、中性子の減速材として黒鉛を用いる黒鉛減速・軽水冷却・沸騰水型原子炉である。図1・1（BWR）と比較すればわかるように、このタイプの原子炉には格納容器がない。

この原子炉の欠陥は、低出力時に「正」のフィードバック効果が働き、何らかの事情で原子炉内の核分裂反応が上昇した場合には、反応をさらに上昇させる方向に「正」のフィードバックがかかる制御機構を持っていることである。アメリカで開発され日本でも用いられているＢＷＲ、ＰＷＲは、何らかの事情により原子炉内の核分裂反応が上昇した場合には、「負」のフィードバックが働き核反応が抑制される。また、この原子炉の核分裂反応を抑制するための制御棒の設計における欠陥としては、普通は、制御棒を炉心に一斉挿入すれば原子炉を緊急停止できるが、チェルノブイリのものは、挿入に相当時間を要し、最初の数秒間は、停止どころか核分裂反応をむしろ上昇させるという問題もあった。このように、この原子炉は、自己制御性が失われる場合があるという特性を有していた。

このため、規則として、「低出力での運転禁止」「制御棒も常に一定以上の本数を炉内に挿入しておく」の2つが定められていたが、問題の原子炉は、規則違反を許容するシステムになっていた。

事故の発端は、上司が運転員に、電源喪失という緊急事態で緊急炉心冷却装置を作動させるための電力を、発電タービンの慣性回転を利用して供給できるかどうかの実験を命じたことにあった。ただし、この上司は、自己制御性における原子炉特性に関する十分な知識を有していなかった。ここに、十分な知識がないにもかかわらず実験を指示した知識不足によるエラーを指摘できる。実験を命じられたオペレータは、原子炉が不安定になるのを知りつつも、上司に言われるままに実験を継続した。緊急炉心冷却装置の電源をオフにし、さらには臨界反応を停止させるための制御棒もすべて引き抜き、原子炉を低出力で運転する規則違反を犯していた。

実験中に、原子炉が暴走を開始したので、運転員は制御棒を手動で一斉に挿入したが、前述の原子炉の欠陥により、わずか数秒で出力が急上昇し、その熱で、また実験の目的上、緊急炉心冷却装置の電源をオフにしていたため核燃料棒を冷やすことができず、核燃料棒が溶融した。溶融して高熱を帯びた核燃料棒が冷却水に触れ（図3・2参照）、水蒸気爆発が生じて原子炉が破壊された。そして、炉内で発生した水素（核燃料棒が高温になり、核燃料棒の金属被覆成分（ジルコニウム）と水蒸気が $Zr + 2H_2O \rightarrow ZrO_2 + H_2$ にしたがって反応し、水素が発生）と外気の酸素が反応して水素爆発が生じ、原子炉の外部に大量の放射能が放出された。

以上を要約すると、チェルノブイリ原発事故は次のような要因が重なってもたらされた大惨事であった。

（1）安全機構を解除せよと言う上司の指示に服従した運転員の行動規範
（2）発電所の最終責任者の承認も得ず、自分の知識不足を省みず実験を実施した上司
（3）建設費削減のため安全性を軽視した炉の構造や、安全装置（緊急炉心冷却装置）の電源を容易にオフにできる、また安全上、制御棒の引き抜きすぎができない仕組みになっていないような炉の構造といった、安全に対する姿勢、態度、風土、すなわち安全文化の低さ

事故後25年以上経過した現在においても、放射能の晩発的な影響を受けている人々が沢山おり、完全な廃炉はできていない。また、チェルノブイリ原発周囲の住民はいまだに、元の住居に戻れ

ていない。

3・3　福島第二原発再循環ポンプ破損事故（1989年1月）

1989年1月の年明け早々に、福島第二原発第3号機の原子炉（BWR）で再循環ポンプ（図3・3参照）の流量に異常が発見され、ポンプの振動が大きくなった。何回か発生した異常は、再循環ポンプの速度を下げる応急処置によっておさまった。1月6日に再び振動が激しくなり、オペレータは再循環ポンプの速度を下げながら様子を見守ったが、8時間近く再循環ポンプの流量異常の警報を放置し、その後ようやく原子炉を停止させた。異常が検出されてから約23時間もの間、原子炉を停止する措置は取られなかった。1月23日に異常を示した再循環ポンプを解体した結果、空中軸受けリング（直径1メートルの鋼鉄製の円盤）が2つに割れ、一つは大きくねじれ、もう一つは羽の下に食い込んでいた。空中軸受けリングは、羽根車のポンプによってくみ上げられた大量の水を受け止める役割を果たす。

このポンプを設計したアメリカのパイロン・ジャクソン社は、福島第二原発第3号機で用いられているポンプに関しては、ポンプの振動数と共鳴して水中軸受け板が異常な振動をすることに

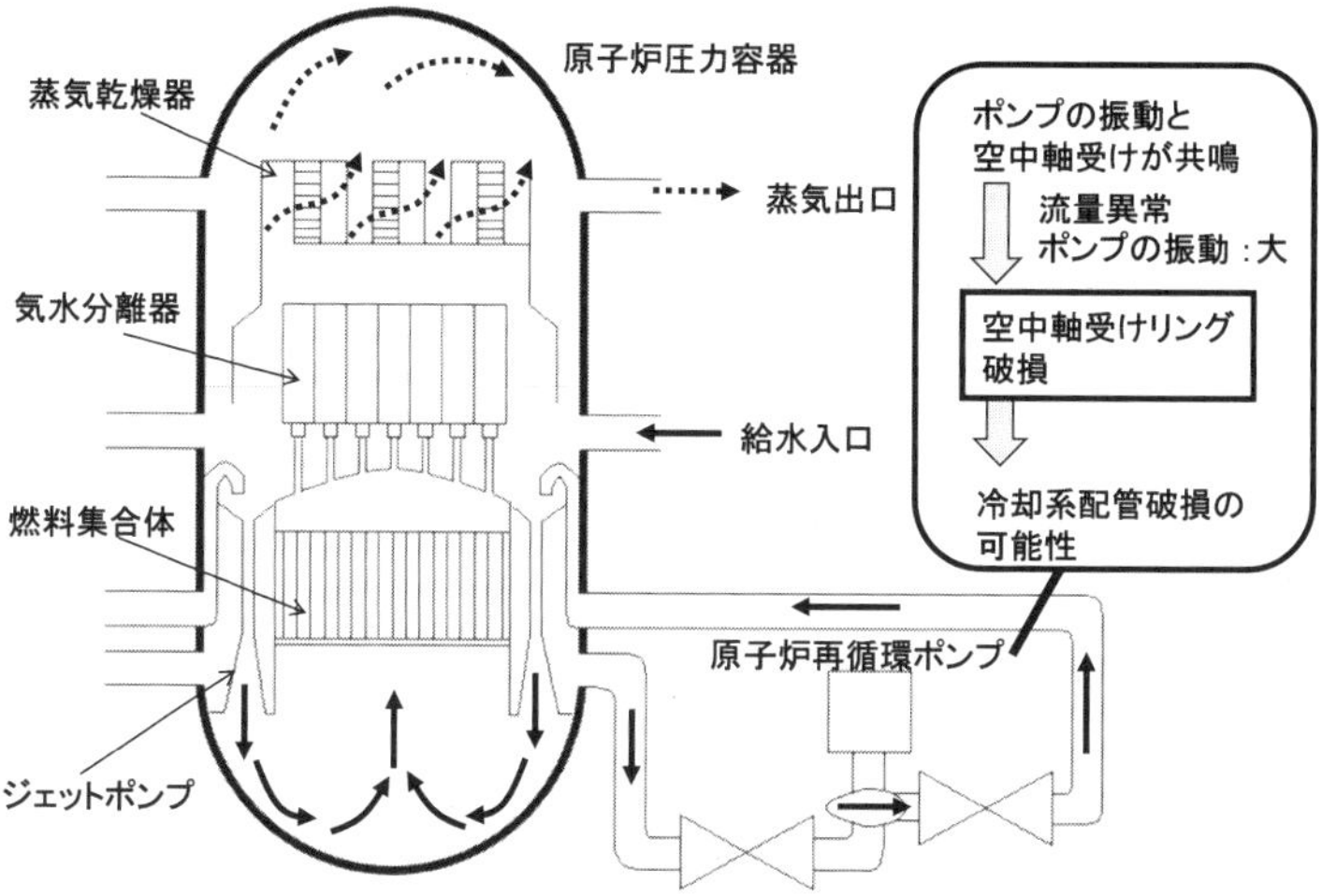

図３・３　福島第二原発第３号機原子炉の再循環ポンプ損傷
（通産省事故調査委員会「東京電力福島第二原子力発電所３号機の原子炉再循環ポンプ損傷事象について」（原因と対策に関する調査結果）、1990年２月）

気づき、設計変更を行っていたが、東京電力と再循環ポンプの製作者である荏原製作所はこの情報を入手できていなかった。ここにも、メーカー、事業者の設計元とのコミュニケーション不足、技術情報収集能力の欠如が垣間見られる。

この再循環ポンプの問題は、それ以前から認識されて、数例のトラブルが報告されていたにもかかわらず、事業者、製作者ともに軽微なトラブルとしか認識していなかった。しかしこの再循環ポンプの破損事故によって、破損で発生した金属片が原子炉に入り、燃料棒を一部破損させていたため、燃料棒の交換を余儀なくされ、1990年11月まで運転が再開できなくなった。

異常が検出されてから約23時間もの間、原子炉を稼動させ続けたこと自体が問題であり、ここにも原発運転における東京電力の緊張感のなさがうかがい知れる。事業者は、メーカー任せにするのではなく、原子炉の安全運転に必要不可欠な知識・技術情報を積極的に習得しておかねばならない。

3・4 美浜原発第2号機ギロチン破断事故（1991年2月）

1991年2月、関西電力美浜原発第2号機（加圧水型：PWR）において、細管の振動抑制のための振れ止め金具が正しく取り付けられていなかったため、蒸気発生器の細管が、まるでギロチンで切断したように破断する事故が起こった。これによって、原子炉の水が減少し、その結果加圧器の水位が低下し、原子炉内圧も低下したため、原子炉が緊急停止した。「3・1 スリーマイル島原発事故」と同じ状況が発生しつつあった。そこで、原子炉を「冷やす」ためのECCSが作動したが、原子炉に十分な水を注入することができなかった。原子炉格納容器の蒸気発生器の破断部分から放射能を含む1次冷却水が補助建屋に流れ込み、補助建屋の放射能のレベルは上昇し続け、中央制御室で警報が発せられた。

　中央制御室において、オペレータたちは、蒸気発生器を隔離して、1次冷却水が補助建屋に流れ込むのを防ごうとした。しかし、隔離弁は動かなかったため、現場において手動で蒸気発生器の弁を「閉」にした。原子炉を「冷やす」ためには、圧力と温度をうまいことバランスさせながら、高温の蒸気を除去し、そこに冷却水を入れる必要があった。オペレータは、加圧器逃がし弁を「開」にして、原子炉で発生した高温蒸気を原子炉格納容器内に逃がそうとしたが、故障で加圧器逃がし弁を「開」にできなかった。「3・1　スリーマイル島原発事故」では加圧器逃がし弁の閉固着が発生したが、ここでは逆の開固着のために、原子炉の高圧蒸気を加圧器逃がし弁から格納容器に逃がすことができなかった。だがあらゆる手段を講じて、原子炉の冷却に成功し、冷温停止状態へ移行することができた。

　ただしこの事故によって、放射能を含んだ1次冷却水が補助建屋に流れ込み、補助建屋の主蒸気逃がし弁から放射能を含んだ蒸気が外部環境へ放出された。原発運転の大前提として放射能を「閉じ込める（遮蔽する）」ことを確実に実施せねばならないし、運転規則では、ＥＣＣＳが起動した場合には、格納容器をタービン建屋、補助建屋と隔離しなければならないことになっている。しかし、この規則は遵守されなかった。そのため、タービン建屋の主蒸気逃がし弁から、放射能を含む蒸気が外部に流れ出してしまったのである。スリーマイル島原発事故は、あくまでも他山の石で、この教訓が活かされることはなかった。スリーマイル島原発事故のような大事故に至らなかったのは、ただ単なる偶然に過ぎない。

3・5　志賀原発臨界事故（1999年6月）

1999年6月、北陸電力志賀原発第1号機において、臨界事故が発生した。この原子炉は、このとき、定期点検中であった。中央制御室に原子炉（BWR）の危険を知らせる緊急停止警報が鳴った。オペレータがモニターをチェックすると、原子炉の出力状態を表す数値が正常な範囲から逸脱していたため、至急緊急停止を試みたが、89本の制御棒のうち3本の制御棒が挿入されず抜け落ちていたため、原子炉を「止める」ことができなかった。

このとき、原子炉内部では核分裂が進行し、臨界状態が無制限に続いていた。炉心が溶融し、原子炉が破壊される危険があった。制御棒は核分裂で発生する中性子を吸収し、原子炉の核反応を調整する役割になっており、原子炉起動時には少しずつ引き抜き、原子炉停止時には制御棒をすべて挿入する。原子炉を「止める」ために重要な役割を果たす制御棒が全部挿入されているはずであったが、3本抜け落ちて、再挿入できなくなった。定期点検中のため、原子炉圧力容器と原子炉格納容器の蓋はいずれも開けられていた。制御棒の原子炉への挿入・引き抜きは水圧を利用した上下動によって行われる。オペレータは点検中で水圧を調整する弁が「閉」となっていたため、制御棒を挿入できなくなっていると判断し、弁を手動で「開」にすることによって、制御棒を原子炉に挿入できた。警報が停止し、15分間で臨界状態を何とか終息させることができた。

定期点検において、作業者は原子炉停止機能強化のための確認試験を行っていたのに、挿入されているはずの制御棒が3本抜け落ちている（挿入されていない）ことに誰も気づかなかった。試験では、全制御棒（89本）のうち1本だけを動かして動作を確認するものであった。作業者が、手動で各制御棒に取り付けられている引き抜き用駆動水入り口と挿入用駆動水入り口の2つの水圧弁を調整しながら制御棒の挿入、引き抜きを実施していた。このとき作業者は挿入されている88本（試験中の1本を除く）の制御棒を挿入状態に固定するために、水圧調整弁を手動で「閉」にした。この試験用のマニュアルに誤りがあり、本来ならば水圧調整弁は「開」にしておかねば、試験中の1本を除く88本の制御棒を挿入状態には保つことはできなかった。水圧調整弁を「閉」にしたことが原因で高圧となった水の行き場がなくなり、制御棒を押し下げる方向に力が働き、制御棒が3本抜け落ちたことによって点検中の原子炉が稼動し始め、臨界が生じた。高圧化し制御棒が押し下げられた場合には警報が働くようになっていたが、点検中のため警報機能はオフになっていた。

この事故では、早目にオペレータが制御棒を挿入できない原因に気づいたため、大事には至らなかったが、「3・1　スリーマイル島原発事故」のように原因を分析・認知するのに時間がかかれば、臨界による爆発事故につながった可能性があった。

北陸電力は、この点検時の臨界事故を2007年3月までの8年間も隠蔽していた。さらに、同種の事故が、中部電力浜岡原発第3号機、東北電力女川原発第1号機、福島第二原発第3号機、福島第一原発第3号機などで起きていたことが発覚した。福島第一原発3号機では、1978年に約7時間半に及ぶ臨界が発生したが、この事実は30年もの間隠蔽されていた。東京電力のこういった隠蔽体質が福島第一原発事故を起こしたと言われても、東京電力は反論できないだろう。

3・6　美浜原発配管亀裂事故（1999年7月）

福井県美浜原発事故（平成16年8月）では、関西電力美浜原発第3号機において、2次系冷却水の配管が破損する事故が発生し、破損箇所から約900トンもの高温蒸気が流出し、付近で作業中の下請け作業員11人が被災し、うち5人が死亡した。破損した配管は、機械的作用による壊食と化学的作用による腐食の相互作用（エロージョン／コロージョン）で、減肉（管の肉厚減少）が進行していた。基準上は4・7㎜以上の肉厚が必要であったが、最もひどい部分では0・4㎜の肉厚であった。実は、これは科学的に予見可能である。破損箇所は、偏流による減肉が生じやすいオリフィスの下流部であり、温度的にもエロージョン／コロージョンが発生しやすい140度前後であった。過去のデータから減肉の進み具合はある程度予測可能なのである。それでは、なぜ事故が起こってしまったのか。

当該箇所が点検リストから漏れていたことが直接的な原因であるが、以下のような経過を経て点検漏れが生じた。

① 関西電力から依頼を受けた三菱重工が点検リストを作成した。美浜原発第3号機に関しては、3箇所の漏れが見つかった（平成2－3年）。
② 三菱重工では、点検リストの漏れを発見するたびに追加して点検を行った（平成3－9年）。
③ 三菱重工からJ社へ点検業務が移管された（平成9年）。
④ J社でも、点検リストの漏れを発見するたびに追加して点検を行った（平成9－14年）。
⑤ J社は三菱重工の子会社N社と契約を結んで配管関係のトラブル情報を入手した。オリフィス下流部の減肉事例についても計4回の情報提供を受けていた（平成15年）。
⑥ J社は、事故につながった配管箇所の登録漏れを発見し、追加登録したが、点検を翌年に

持ち越した。折り悪く、この間に事故が起こってしまった（平成15年）。

登録漏れは、作業者のケアレスミス（し忘れ）であったが、作業者の処理能力の限界を超えるような膨大な作業を要するため、登録漏れが生じるのは必然的であった。アウトソーシング企業への丸投げによって関係者の間で情報が共有されにくいコミュニケーションエラーが発生したことも原因の一つであった。アウトソーシング先は、情報を隠蔽しないまでも、登録漏れを積極的に説明しなかった。また、仕事の発注側の関西電力は、計画書は受け取るが、その内容を積極的に確認しなかった。さらには、関西電力の安全管理用コスト削減戦略（修繕費の過度の切り詰め）、すなわち効率重視（安全性＜効率）の考え方へのシフトも、事故の背後要因として存在することを看過できない。

3・7 ＪＣＯ臨界事故（1999年9月）

茨城県東海村の核燃料加工会社ＪＣＯにおいて、ウラン溶液を製造する作業中に臨界事故（連鎖的な核分裂反応が発生する事故）が発生し（平成11年9月）、2名の作業者が死亡した。この臨界事故は、国際評価尺度で「レベル４」の事故に相当した。原子力関係施設では、科学技術庁（現、文部科学省）からの厳しい審査の元に何段階もの安全措置が施されるようになっている。科学技術庁から認可された正式の作業手順は以下の通りであった（図３・４参照）。

①溶解塔において原料のウラン粉末を溶解する（溶解工程）
②溶液をろ過して不純物を取り除いた上で貯塔に貯留する（ろ過工程）
③溶液を沈殿槽に移して沈殿させ、ウラン粉末を精製する（沈殿工程）
④精製ウラン粉末を再び溶解塔において溶解し、ウラン溶液を製造する（再溶解工程）

安全対策の基本として、「質量制限」「形状制限」を遵守するようにという厳しい指導が行われた。「質量制限」とは、一定以上の質量がなければ絶対に臨界反応が起きないというウランの性質を利用して、作業の全工程で一度に取り扱うウランの量を、この臨界質量以下の分量（１バッチ）に抑えることである。「形状制限」とは、ウランを収納する容器を特殊な形状にすることによって、臨界に達するのを防止する。溶解塔と貯塔がこの制限にしたがって設計された。この作業手順通りに作業が実施されていれば、臨界事故が発生することはまずあり得ない。しかし、ＪＣＯは科学技術庁の作業手順通りに作業を実施せず、６回にわたる違法な工程変更を実施した（図３・４

科学技術庁から指定された本来の工程

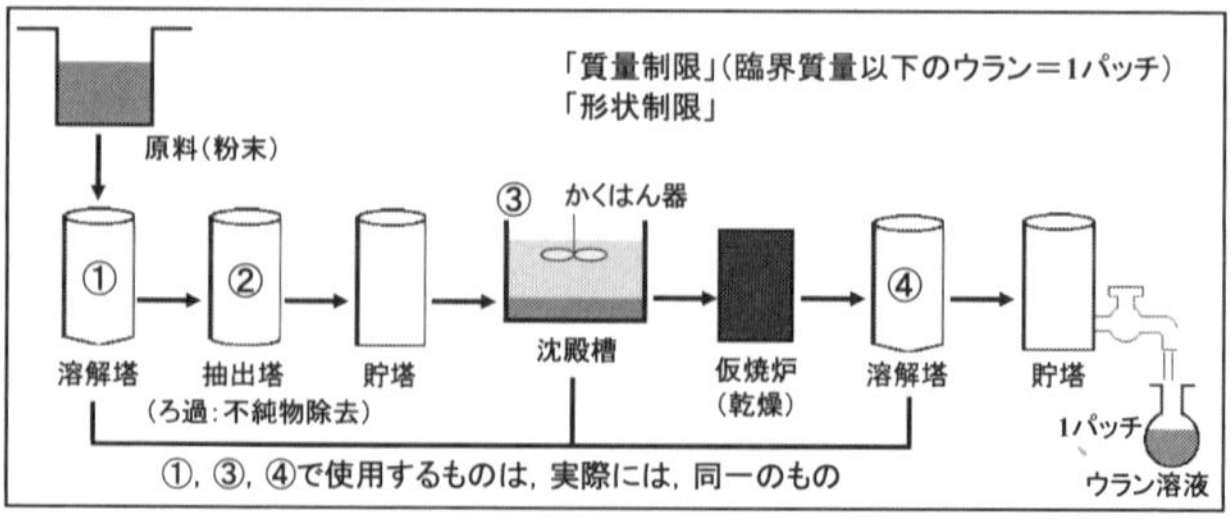

第1の工程変更

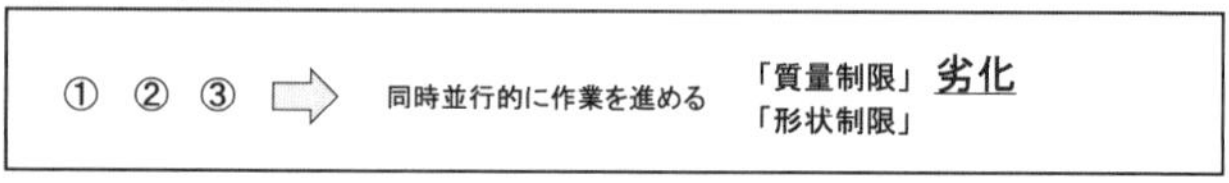

第2の工程変更

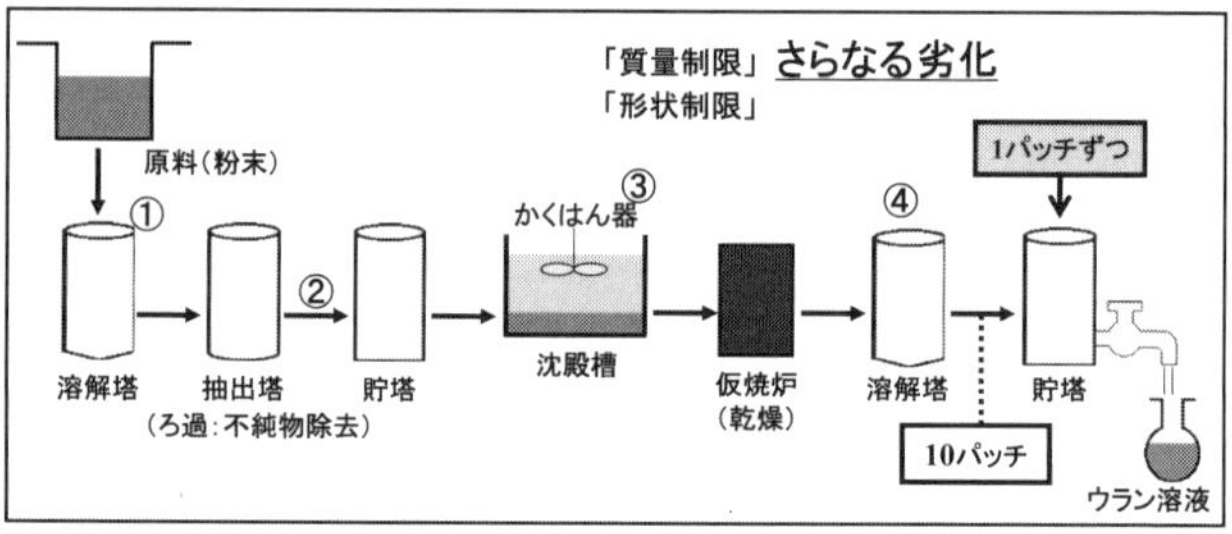

第3の工程変更

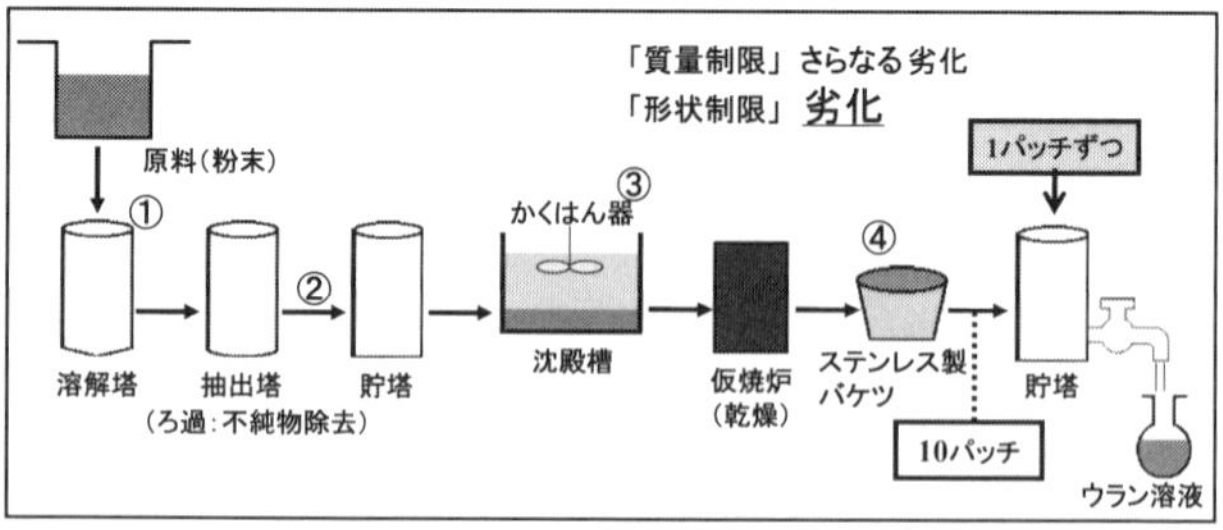

第4の工程変更

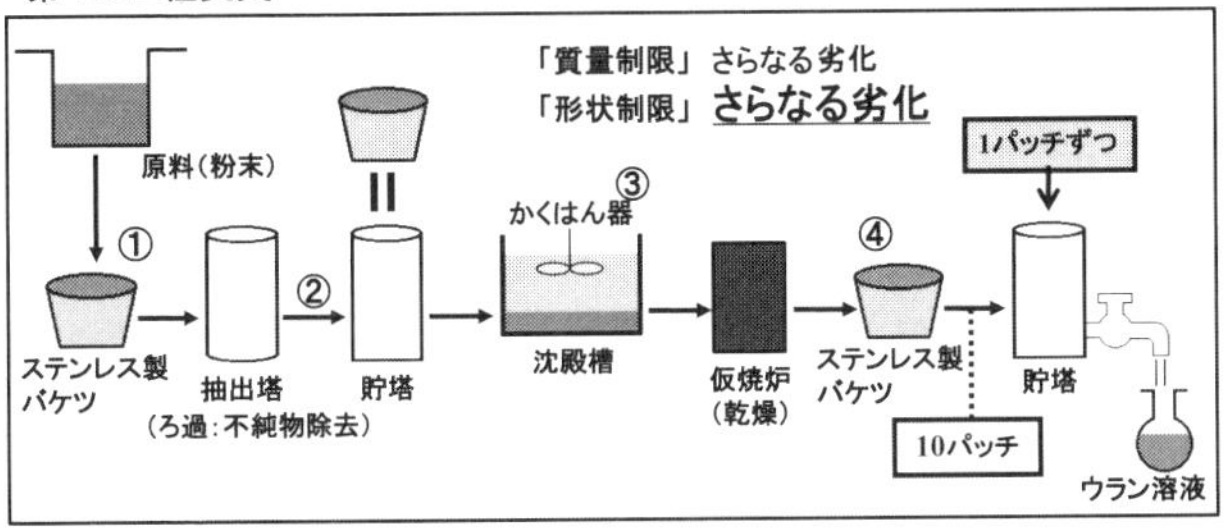

第5の工程変更

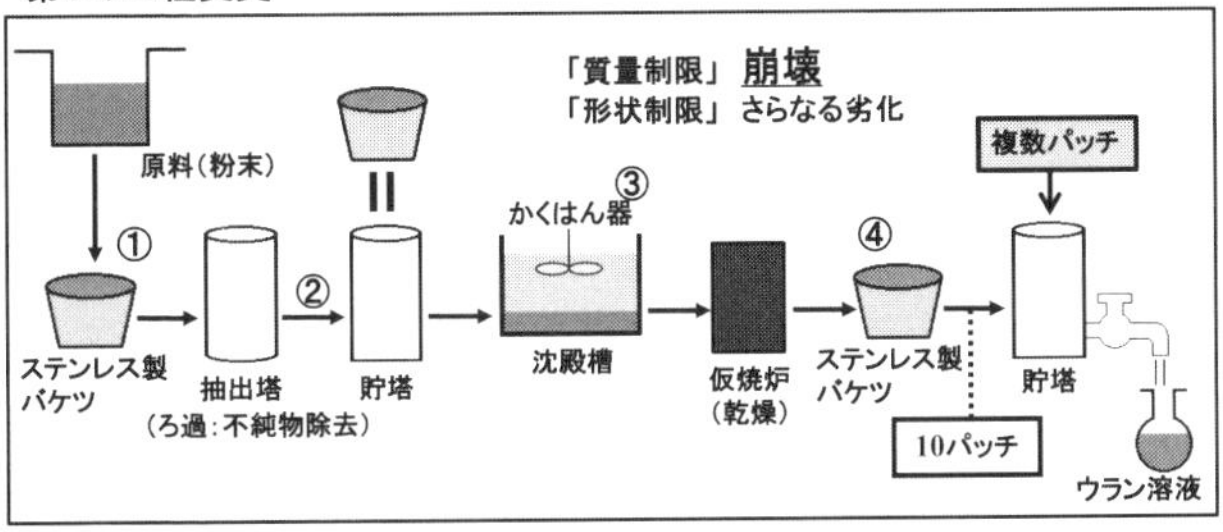

第6の工程変更

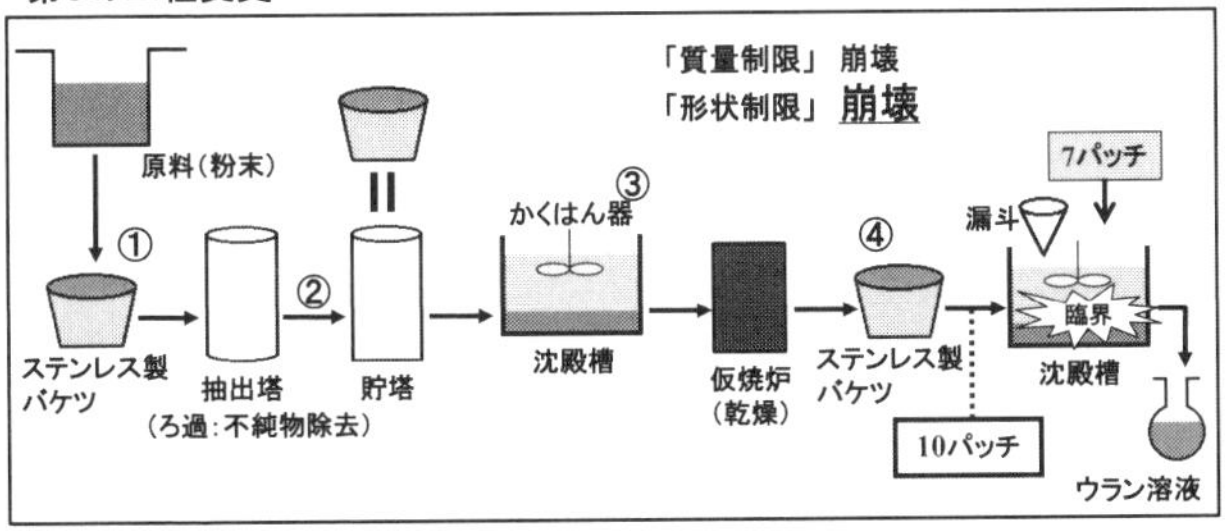

図3・4　ＪＣＯ臨界事故におけるウラン溶液製造工程の変遷

参照）。

第1の工程変更（質量制限の劣化）

溶解、ろ過、沈殿の各段階で同時並行的に作業を進める複数バッチ運用が開始された。個々の工程で取り扱われるウランは1バッチとされたので、この変更により臨界事故が発生する恐れはなかった。しかし、作業場全体としては、臨界質量を超えるウランが同時に処理される形となり、質量制限対策の一部が破られた。

第2の工程変更（質量制限のさらなる劣化）

核燃料サイクル機構から、ウラン溶液のサンプル検査が簡単にすむようにしてほしいとの要望があり、ＪＣＯでは製造したウラン溶液を混合し、10本の格納容器の成分をすべて均しくする工程を最終作業段階に追加した。臨界事故が発生する恐れはなかった。しかし、作業場全体としては、臨界質量を超えるウランが工程に集中し、質量制限対策がさらに侵された。

第3の工程変更（形状制限の劣化）

正規の作業工程では溶解工程と再溶解工程の2回にわたって溶解塔を使用することになってい

たが、この溶解塔の洗浄に時間がかかるのがネックであった。そこで、再溶解工程でステンレス製バケツの使用が開始された。バケツの容量は小さいため、ウラン溶液を満杯に注いでも臨界が発生する恐れはなかった。ただし、効率追求により、形状制限対策の一部が破られる結果となった。

第4の工程変更（形状制限のさらなる劣化）

再溶解工程だけでなく、溶解工程でもステンレス製バケツが用いられるようになった。この変更により、形状制限対策はさらにダメージを受けることになる。

第5の工程変更（質量制限の崩壊）

作業効率アップのために、混合均一化工程で貯塔に複数バッチの溶液を注入し、一度に攪拌する工程が運用開始された。これにより、臨界質量を超過するウランが貯塔に集中し、質量制限対策は完全に崩壊した。ただし、この貯塔には臨界を防止する形状制限がなされていたため、臨界事故が発生する可能性はなかった。

第6の工程変更（形状制限の崩壊）

これまでの貯塔の形状が細長く攪拌には不向きだったため、形状制限対策がなされていない沈殿槽を使用して混合均一化作業を実施することになった。これにより、安全対策の最後の砦が崩れ、7パッチものウラン溶液が沈殿槽に注入された段階で、臨界事故が発生した。

臨界事故の直接の原因は、第6工程変更の結果、形状制限のなされていない沈殿槽に多量のウラン溶液が注入されたことであった。しかし、6回にわたる工程変更が安全管理対策を徐々に形骸化してしまったことを銘記しておかねばならない。業務改善の結果、安全の軽視が生じてしまった。作業効率が非常に悪い部署については、効率改善の結果として安全対策がなし崩しにされる危険性がある。また、JCOの作業担当者は、核分裂に関する知識を有していなかった（知識不足）。当初、安全対策は十分すぎるほど整備されていたが、これが逆に安全軽視につながった。その結果として、まだまだ大丈夫という心理的ジレンマに陥って効率化を追求し、工程を6回にわたって変更したことが事故につながった。

リスク管理として、システムに十分な余裕を見込んでおくことは、非常に重要である。合理的な安全余裕を見込むことは当然であるが、それが過大である場合には、逆に、制限値を守ることに関する作業員の緊張感や安全意識を減退させ、新たなリスクを招く可能性がある。JCOが行っていた以下のような作業の作業特性・作業者特性もこの事故の背後に潜む要因として見過ごすことはできない。

（作業特性）

・研究施設の機器を転用した設備を用いて実施していたため、作業しにくかった。
・この作業は、昭和61年以降の事故発生までの14年間で5回しか行われなかった。
・核分裂に関する知識を有さなくても遂行可能な作業であった。
・JCOにとっては、総売り上げの多くを占めるような主要な作業ではなかった。

（作業者特性）

・作業者は、わずか5人で24時間の3交替制勤務に従事しており、人間の作業能力の限界を超えるような無理な作業体制による過酷な作業負担のほかに、核燃料に関する知識が不十分であるにもかかわらず（知識不足）、ウラン溶液製造に従事せねばならなかった。
・また、過去にウラン溶液製造に関わった経験はなかった（経験不足）。
・JCOではなくアウトソーシング会社の社員が作業をしていた。

「3・6　美浜原発配管亀裂事故」もそうであったように、経営効率アップのためにアウトソーシングに頼っている部門での事故が多い。この事故によって作業場の外部に放出された放射能の影響で、茨城県東海村近隣の住民は、避難を余儀なくされ、事故を起こした作業場から３５０m以内の47世帯に避難勧告、半径10㎞圏内の約31万人に室内退避勧告が出された。

３・８ 柏崎刈羽原発事故（２００７年７月）

２００７年７月の中越沖地震によって、東京電力の柏崎刈羽原発の第3号機の変圧器で火災が発生した。第3号機、第4号機、第7号機は運転中、第2号機は運転に備えた起動中、第1号機、第5号機、第6号機は点検中であった。また、第1号機から第7号機までのすべてで使用済み核燃料プールの水が溢れた。第6号機以外では、外部環境に放射能を含む水が流出することはなかったが、第6号機からは放射能を含む水が海に流出した。第6号機の原子炉の上のクレーンの車軸が地震の影響で破断した。第7号機のタービン建屋からも、放射能が漏れた。

第3号機の変圧器火災では、間違った消火方法がとられた。変圧器の油火災に対して、放水による消火が試みられた。燃えている油に水をかけても逆効果である。この場合は、化学消火剤によって消火せねばならない。危機管理能力のなさからか、柏崎刈羽原発には化学消防車、化学消火器のいずれもなかった。また、消防車を出動要請しても、地震による周辺地域の混乱で、道路が渋滞していたため、原発に到着するのが遅れてしまった。

運転中の第3号機、第4号機、第7号機、起動中の第2号機に対しては、何とか制御棒が挿入され「止める」機能は働いた。地震の影響で新潟・東北電力からの送電線がほぼ遮断されていたが、柏崎刈羽原発への送電はかろうじて可能で、非常用ディーゼル発電機も作動した。これが幸いして、運転中の4つの原子炉に対して、「冷やす」機能が維持され、これらの原子炉を何とか冷温停止することができた（運転中の280℃の原子炉内の温度を100℃以下に下げることができた）。

7基の原発はすべて発電を停止しているため、冷却系の駆動・運転には外部電源が必要不可欠である。その際に変圧器による電圧調整が必要になるが、第3号機ではこれが火災を起こしていたため、外部からの電源が遮断され、冷却系による「冷やす」機能が維持されない可能性があったことを銘記しておかねばならない。

大事に至らなかったから良かったと考えるのではなく、ここから、学ぶべき教訓を抽出し、他の原発の安全管理にも活用できる十分な体制を築いておくべきであった。すなわち、外部からの電源が失われ、ステーション・ブラックアウト（電力完全喪失）になる可能性も十分に考えられたわけであるから、地震による外部電源、変圧器、その他の配管等の設備に対する被害を想定し、「多重性」「独立性」「健全性」が確実に確保される多重安全システムについてもう少し真剣に考えておくべきであった。外部からの電源が完全に遮断されていれば、柏崎刈羽原発でもスリーマイル島原発（3・1で詳述した）、福島第一原発のような「冷やす」機能が完全に失われてしまった可能性もある。

第1号機から第7号機までのすべてで使用済み核燃料プールの水が溢れた。第6号機以外では、外部環境に放射能を含む水が流出することはなかったが、第1号機では、点検のため格納容器の蓋が開けられた状態で、核燃料をプールから原子炉に戻そうとしているところであったため、地震によって原子炉内の水も格納容器内に溢れた模様である。地震による核燃料プールの水位減少の程度は大きくなかったから幸いであったが、プールの水が大量に失われた場合には、福島第一原発の第4号機のような核燃料プールでの水素爆発が発生する可能性もあったのではないだろうか。第6号機からは放射能を含む水が海に流出した。また、第7号機のタービン建屋からも、放射能が漏れたことが判明した。第7号機のような沸騰水型原子炉（BWR）（福島第一原発と同じタイプ）は、放射能を含む蒸気によってタービンを回転させて発電を行う。通常では、高圧蒸気によって放射能が外部に漏れ出さないようにしているが、地震によってこの装置が停止したにもかかわらず、蒸気を逃がすための排風機は動いていたため、タービンの軸の部分から放射能が外部に漏れ出した。原子炉が停止した場合には、排風機を至急停止せねばならないルールであったが、オペレータは他の対応に手一杯で、この操作を実行するのを忘れてしまったようである。

第6号機の場合は、原子炉の上のクレーンの車軸が地震の影響で破断した。幸いなことに、第6号機は定期点検のため、冷温停止中であった。原子炉が稼動中でかつクレーンが使用中であれば、原子炉に何らかの影響が及んだ可能性を否定できない。

以上のような外部環境への放射能漏れによって、風評被害が広がり、新潟県内のホテルや旅館ではキャンセルが相次いだ。ここまでに述べてきた原発事故によって、柏崎刈羽原発の7つの原子炉はすべて停止したが、第1号機、第6号機、第7号機は、それぞれ2010年5月、2010年1月、2009年5月に再稼動した。材料強度学、安全工学、地質学、地震学、変形地質学などからの安全性のチェックが不十分であるとの指摘が多くの専門家から出されていたにもかかわらず、これらの指摘を傾聴せずに、「安全である」という判断のもとに再稼動に踏み切った。

3・9　浜岡原発運転停止（2009年8月）

マグニチュード6・5の駿河湾沖地震によって運転中の第4号機と第5号機が緊急自動停止した。浜岡原発第5号機に関しては稼動して4年足らずで、最新鋭の改良型沸騰水型の原子炉（A

ＢＷＲ）が用いられていたにもかかわらず、第1号機から第4号機までの他の原子炉よりも大きな揺れが記録された。浜岡原発では、東海地震、東南海地震を想定して、国内の他の原発よりも圧倒的に高い耐震性を有していたものの、想定される東海地震、東南海地震の規模よりも小さいマグニチュード6・5の地震で、タービン建屋にひび割れが発生し、10～15㎝の地盤沈下が生じた。また、原子炉を「止める」ために必要不可欠な制御棒の駆動装置が故障したとも報道された。

同じ地盤に建設された最新型の原子炉であるにもかかわらず、他の原子炉よりも大きな揺れを記録した原因・理由に関しては、現在でも明らかにされていない。もし想定される東海地震、東南海地震が到来したならば、第5号機はどうなるのか大きな不安がある。原子炉建屋、タービン建屋、補助建屋に複雑に入り組んで張り巡らされている配管類は、巨大地震によって破断してしまう可能性が高く、3・4で述べたような配管の破断事故が起こる可能性は非常に高い。配管の破断は、緊急時に原子炉を「冷やす」機能の喪失につながる可能性があり、福島第一原発のような大事故になりかねない。

現在は、停止していろいろと点検を実施しているようであるが、駿河湾沖地震で第5号機の揺れがきわめて大きかった理由をしっかり解明しなければ、近隣住民からの原発運転に対する理解が得られることはないだろう。地震による配管の破断からも「冷やす」機能は喪失するが、福島第一原発のように津波によって電源機能がすべて喪失することも想定して、時間をかけた対策が必要である。福島第一原発の事故を最大限に教訓化していかねばならない。定期点検・耐震補強・津波対策だけでは、浜岡原発の安全性確保は不可能である。

3・10 原発の事故・トラブルから見えてくるもの

原発の事故は、第2章で述べたように、必ず複数の背後要因（2・1）が存在する。

一つは、経年変化による配管の減肉といったハードウェア上のトラブル（機械の背後要因）である。「スリーマイル島原発事故」のように加圧器逃がし弁の閉固着のトラブル、「美浜原発第2号機破断事故」のような加圧器逃がし弁の開固着のトラブル、「福島第二原発再循環ポンプ破損事故」のような再循環ポンプの振動数と共鳴して水中軸受け板が異常振動し、これで「冷やす」機能の維持に重要な役割を果たす再循環ポンプが破損したトラブルなどがあった。

ヒューマン・エラーも引き金となる場合が多い。「スリーマイル島原発事故」「チェルノブイリ原発事故」「志賀原発臨界事故」などは、ヒューマン・エラーが事故の引き金となった。ヒューマン・エラーは予測不能という性質を有するため、原発のような大規模システムではとりわけ、これを100％排除することは難しいと考えねばならない。

ヒューマン・エラーには、意図的でないエラー（「スリーマイル島原発事故」における点検後にブロック弁を「閉」から「開」にするのを忘れてしまった、ECCSを誤判断によって停止してしまった、「志賀原発臨界事故」において定期点検中に挿入されているはずの制御棒が3本抜け落ちていることに誰も気づかなかった、などのエラー）、意図的なエラー（「JCO臨界事故」のように〝質量制限〟、〝形状制限〟に対してやってはいけないと認識していながら違反行為である工程変更を意図的に実施した）、知識不足から来るエラー（「チェルノブイリ原発事故」において、上司が無謀な低出力を生じるような実験を命じた、「柏崎原発事故」において、変圧器の火災に対して化学消火剤ではなく、水をかけて消火を試みた）、事業者のマネジメント能力不足（「美浜原発配管亀裂事故」において、点検リスト作成をアウトソーシングし、1人の下請け作業者に負担の限界を超えるような作業を課し、いつの間にか配管亀裂事故を起こした箇所がノーマークになっていた）、知識不足から来る事業者のマネジメント能力不足（「美浜原発配管亀裂事故」において、事業責任者として配管の減肉の進み具合を科学的に全く予測できなかった、「浜岡原発運転停止」における耐震設計の不十分さ）など様々なものがある。

特に、3・1で述べたように、緊急時には、いくらマニュアルを熟知しているオペレータであっても、思い込みによるエラーが発生し、これが原因で原子炉の「冷やす」機能が喪失し、炉心溶融に至る可能性がある。この場合には、水位計と圧力計のいずれかが故障しているという誤った判断、弁が開けられ（実際には閉じられたまま）補助給水ポンプは機能しているという思い込み、加圧器逃がし弁は中央制御室の表示の通り「閉」であるという間違った判断が次々に発生した。さらに、圧力計が壊れていて原子炉内の水位は十分に高いという誤った判断に基づき、起動したＥＣＣＳから水を送ればさらに圧力が高くなるという間違った判断をするという事象の連鎖まで生じた。

背後要因の中でも特に注意しなければならないのが、マネジメントの要因である。安全性よりコスト重視の考え方へのシフトが、大きな事故につながる。本章では、「チェルノブイリ原発事故」「美浜原発配管亀裂事故」「ＪＣＯ臨界事故」などにもこの要因があった。

第２章の９つの事故の特性に対して注意を怠れば、事故に付け入る隙を与えてしまうことが、本章で示した９つの事例からも見えてくる。これらの点を常に教訓化し、現場、エンジニア、事業者、政府などの関係者が常に問題意識を持てないようでは、原発の安全な運転など不可能である。

第4章　福島第一原発事故の背後要因

福島第一原発事故の経過については、すでに第1章で述べたが、ここでは第2章で述べた事故の背後要因に従って、改めて原因を明らかにしておきたい。機械もしくはハードウェアの要因とマネジメントの要因の2つが露呈することによって招かれた事故ではないかと考える。

4・1　福島第一原発事故の背後要因――機械の要因

安全システムにおいては、「多重性」「独立性」「健全性」（いかなる場合においても作動する）の3つが重要になり、これが同時に満たされない限り、多重安全システムとは言えない。福島第一原発の電源、冷却系、給水系等の多重安全システムがこの「多重性」「独立性」「健全性」の３つを満たし、いつ、いかなるときにもこれらの機能が喪失しないように原発プラントが設計されていただろうか。

まず電源であるが、原発は電源喪失ですべてが機能不全に陥ってしまう非常に脆弱なシステムであり、完全停電はステーション・ブラックアウト（station blackout）と呼ばれ、最も陥ってはならない状態である。今回の福島第一原発では電源の完全喪失が放射能漏れを招いてしまった。福島第一原発では、非常用の電源に関して、次のような多重安全システムが装備されていた。

① 通常電源
② 予備電源（通常電源と同じ系統）
③ 非常用電源（(1)、(2)と同じ敷地内）
④ 非常用のディーゼル式移動発電機
⑤ バッテリー電源（８時間分）

①と②は全く独立性がないため、多重安全システムとみなすことはできない。③に関しては、絶対に機能する必要があったが、①、②と同じ敷地内にあったため、①、②とともに必然的に③

も破損し、機能を果たせなくなった。したがって全く独立性がなかった。④は地震によっては損壊しなかったものの、このシステムを使用せざるを得ない状況になるなどとは全く考えていなかったためか、また日常の危機管理が不十分なためか、発電機を接続するプラグが受電口と合わなかったために、全く役に立たなかった。⑤に関しても、一時的な電源喪失のピンチヒッターとしてしか考えておらず、いかなる場合においても作動する「健全性」が欠如していた。

以上より、福島第一原発の非常用の電源の多重安全システムは、「多重性」「独立性」「健全性」の3つを備えた多重安全システムには程遠いものであった。

また、坂下ダムからの取水設備の耐震性が不十分で、地震によって配管が損傷し、原子炉への緊急注水のための淡水の確保ができなかった。これも多重の安全システムとはなっていなかった。この点も、機械もしくはハードウェアの背後要因に相当する。2006年に耐震設計基準が改訂されたが、稼動年数が長い原発に対しては、改訂後の基準が適用されていない。いついかなる状況でも取水可能なように、「健全性」を確保すべきであった。

冷却系に関しても、①ポンプ、②予備ポンプ、③ECCSの3重安全システムになっていたが、①、②には独立性がなく、③に関しても8時間程度しか持たなかったため、実際には多重安全システムではなかった。

水素爆発防止のための水素の非常用処理装置とベントによる放射能の外部環境への流出を防ぐ

ためのフィルタの非稼動に関しては、機械またはハードウェアの故障である。原発において必須の「止める」「冷やす」「閉じ込める」のうち「閉じ込める」機能が十分に発揮され、外部に放射能を漏らさないような設計にすべきであるのに、不十分であった。

福島第一原発第1号機から第4号機ほど注目されていないが、第5号機と第6号機に関して、これらの核燃料貯蔵プールの「冷やす」機能が失われなかったのは、多重安全システムが当然の結果として機能したためであるのかどうかについて、十分に検討しておかねばならない。津波の影響でタービン建屋が冠水しても、第6号機の非常用ディーゼル発電機だけは、空冷式で内陸側に設置されていたため、その機能が維持された。ここから第5号機と第6号機に電気を送ることができ、これらの核燃料貯蔵プールの「冷やす」機能は失われずにすんだ。

第5号機、第6号機の多重安全システムが起動できたのであれば、なぜこれらの原子炉と同じような形で第1号機から第4号機も多重安全システムを配備しなかったのかという疑問が生じる。非常用ディーゼル発電機の設置場所および駆動メカニズム（空冷式か水冷式）が第1号機から第4号機までと第5号機、第6号機では異なっていたが、おそらくこの違いが重大な意味を持っていたこと（点検中である第4号機と第5号機、第6号機の核燃料貯蔵プールを「冷やす」機能喪失の有無）には、政府の審査機関も事業者も気づいていなかったと思われる。

運転開始から40年近く経ている福島第一原発の原子炉はマークI型（ＧＥ製）であるが、これに関してはGE社の元エンジニアから耐震性の弱さを指摘されていた。また、原子炉格納容器の容積が小さすぎるという設計上の欠陥も有していた。原子炉格納容器の容積が大きければ、放射能の放出をある程度は抑制可能であったと考えられる。

第1章でも述べたように、第4号機の使用済み核燃料プールだけ、相当数の使用済み核燃料が貯蔵されていた。原発においては、安全に原子炉を「止める」「冷やす」「閉じ込める」機能を発揮することが重要であることは言うまでもないが、使用済み核燃料を相当な期間にわたって「冷やす」機能も必要不可欠であり、さらには「冷やす」ことによって熱を奪った使用済み核燃料をどう処理するかの技術も重要である。しかしこの技術が頓挫し、使用済み核燃料を持って行って処理する施設がないため、各原発では多数の使用済み核燃料を抱えている。したがって、福島第一原発第4号機のようにかなりの数の使用済み核燃料をプールに貯蔵しておかざるを得ない状況なのである。第4号機の水素爆発の背後には、使用済み核燃料を処理する技術が確立されておらず、処理施設もないという要因が存在するのである。

以上を整理すると、福島第一原発事故における機械もしくはハードウェアの背後要因として、次のことを指摘できる。

（A）「独立性」「健全性」を満たさない電源、冷却系、給水系等の多重安全システム設計

（B）非常用ディーゼル発電機の駆動メカニズム（空冷式か水冷式）
（C）水素爆発防止のための水素の非常用処理装置の非稼動
（D）坂下ダムからの取水設備の耐震性
（E）ベントによる放射能の外部環境への流出を防ぐためのフィルタの非稼働
（F）ＥＣＣＳシステム稼動時間の短さ
（G）原子炉格納容器の小ささ
（H）原子炉自体の老朽化
（I）使用済み核燃料の安全な処理技術未確立および処理施設がない

第2章の2・9でも述べたように、ハードウェアの設計段階でコスト意識が出てくるようでは、十分な安全を確保できない。ただし、第1章でも述べたように、津波の襲来以前に、地震によって配管が破損し、冷却材喪失が起こり「冷やす」機能が失われていたということも考えられる。この場合の背後要因は、原子炉自体老朽化に伴う配管系の老朽化と、耐震設計の不十分さと判断せざるを得ない。直接的な原因が地震、もしくは地震と津波のいずれであるにせよ、ここで述べた機械（ハード）の背後要因について十分な対策を講じておかねばならなかったことは言うまでもない。

システム設計における危険の管理に関しては、図4・1に示すような、危険検出型と安全確認型という2つの考え方がある。危険検出型では、危険非検知または危険監視システム故障の状態でさえも安全領域とみなし、危険を検知した場合のみ危険とみなす。一方、安全確認型においては、危険非検知または危険監視システム故障の状態をも危険領域とみなす。すなわち、安全が確信されない限り安全とはみなさない厳格なシステムである。

これまでの原発の安全性へのアプローチは、残念ながら危険検出型であった。安全である、またはこれからも安全に運転できることを確認し、確信が持てる場合には、運転を継続するという考え方が常識的であると思われるのに、原発の運転においては、装置・機械の危険が検知されない場合以外は安全とみなし、運転を継続している。たとえば、2007年の中越沖地震で事故を起こした柏崎刈羽原発第1号機、第6号機、第7号機は、材料強度学、安全工学、地質学、地震学、変形地質学などからの安全性のチェックが不十分であるとの指摘が出されていたにもかかわらず、それを受け入れずに、「安全である」という判断のもとに、それぞれ

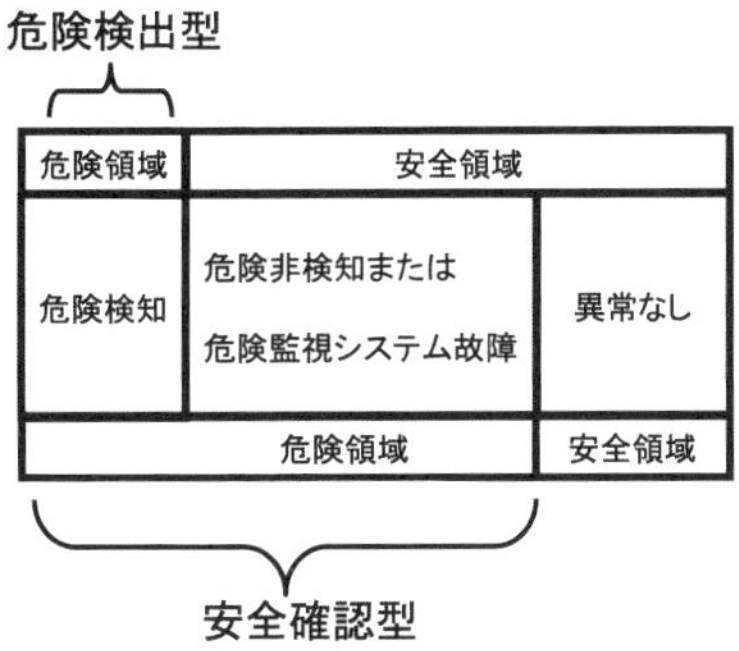

図4・1　危険検出型安全管理と安全確認型安全管理

2010年5月、2010年1月、2009年5月に再稼動された。原発の運転においては、コスト意識を度外視し、本質安全の考え方にしたがって安全であることが確実に確認されない限り、運転を行ってはならないはずである。もちろん、安全確認型に移行しようと思えば、かなりの労力とコスト、時間が必要になることは言うまでもない。

4・2 福島第一原発事故の背後要因――マネジメントの要因

第2章で述べたように、事故の背後には必ずマネジメントの要因がからみ、違反行動・情報隠蔽が潜んでいる。この背後要因が原因となって発生する事故をいかに防いでいくかは非常に重要であり、マネジメントの要因をいかにチェックしていくかの方法論を確立し、さらにはマネジメント要因の不備をなくすような仕組みを備えない限り、原発の安全な運転などできるはずがない。これを可能にするためには、よほどの覚悟が必要で、お役所的な仕事では不可能である。また、原発の安全性を審査する側は、厳しい眼を安全審査に向ける能力・知識・技量を有していなければならない。社会自体も事故そのものに注目するのではなく、その背後にある違反行動についても厳しく眼を向けねばならない。以下に述べるマネジメント要因の欠如が、今回の原発事故を招いたと考えられる。

（1）政府・事業者の知識不足・技量不足・安全審査能力不足

政府は2009年の総選挙向けのマニフェストの基礎となる民主党政策集INDEX2009における〝安全を最優先した原子力行政〟の中で「過去の原子力発電所事故を重く受け止め、原子力に対する国民の信頼回復に努めます。原子力関連事業の安全確保に最優先で取り組みます。万一に備えた防災体制と実効性のある安全検査体制の確立に向け、現行制度を抜本的に見直します」と述べている。過去の原発事故に対してどれほどの認識を民主党が有しているかは定かではないが、少なくとも政権を取った段階において、原発の安全推進政策を優先して推し進め、54基の原発すべてに信頼性のある災害耐性テストを実施し、事業者の事故隠蔽体質に対して改善の指導や取り組みを実施しておけば、もう少し事故に備えた強化が可能であったかもしれない。

INDEX2009に書かれているのは非常に立派な理念であるが、これを推進していくには、原発や事故防止に関連した非常に深い知識や経験が必要になるのは言うまでもない。しかしながら、政府には、相当の覚悟を持って、命がけでこれを推進できる専門家はいない。政治家が勉強会をし、研修会を受けたくらいでたやすく専門知識を身につけられるはずはない。その分野だけに限定して何年も携わって研鑽を積まなければならない。選挙で勝てるように地元にばかり軸足を向けていたのでは、以上のことは達成できない。ＩＮＤＥＸ２００９に書かれている内容を全く無視して、当時の総理大臣が「自然エネルギーに転換し、脱原発を目指す」と１８０度方針転換した発言をしているようであるが、こういう発言をする前に、時間をかけて自分たちが公に発した政策集に対する深い反省と訂正を実施せねばならない。これが大きな危険をはらむ原発行政を40年間推進し続けて、今日の福島の惨状をもたらした政府の責任であり、ここに事故の大きな背後要因が潜んでいる。

市民に対して「原発は絶対安全である」と言うからには、信頼に足りるだけのマネジメント能力が政府や経済産業省安全保安院になければならない。安全性の審査を正しく実施できることも必要不可欠であるが、第3章で述べてきたように、原発に関しては過去に事故が頻発しており、安全性の審査が適切に行われていないし、それだけの能力もないだろう。今のこれらの組織にこういう能力があり、信頼できると思っている市民はいない。

政府が原発を確かな安全確保の自信・確信なしに官僚任せに抱いた原子力ルネッサンスという幻想に対しても、マネジメントする立場として大いに疑問である。原発ルネッサンスという心地よい言葉を市民に対して宣伝し、口だけで「絶対に安全である」と宣言して、今回の事態を招いてしまった。今、原発がある各自治体において、原発の安全確保に関して政府や事業者の「安全である」という説明に対する反発が起こっている。これまでにマネジメントする立場として責任を全うしてこなかった政府の責任が問われる。40年間のいい加減なマネジメントのつけが溜まって、今回の福島第一原発事故に至ったわけであるから、これを深く反省して適切なマネジメント能力があることを真摯に示していかねばならない。ただし、これを実行するのは短期間では絶対に無理である。政府は、いとも簡単に欧州連合（EU）の事例を参考にして災害耐性テストを実施すると言っているが、EUと日本では、起こり得る災害の特性・性質も異なり、市民が納得する項目を設定してテストを実施するには、相当の知識・労力・時間が必要である。

結局、事業者、政府は、原発の安全性を客観的かつ厳正に評価するための知識が不足している。実際の運転は、エンジニア、現場に任せるだけで、エンジニア、現場と連携して自らの知識を高めようとする姿勢がない。原発に関わるすべての人で責任と必要かつ正しい情報を共有する組織作りが必要である。全員で取り組んでいかねば、原発の安全を確保できない。

(2) 原発の安全性に対する責任のあいまいさ

政府や事業者には、今回の事故を「想定外」という言葉で片付けてしまおうとする意図が見え隠れするが、今回の事故は決して想定外ではないと思われる。あることに命がけで臨んでいる人は、想定外などという言葉を軽々しく口にしないものである。その根拠は第1章でも述べたが、原子炉の冷却機能喪失は想定され（ただし、一時的なもの）、国会でも、津波で海水が取水できなくなった場合には、原子炉を「冷やす」機能が失われることが指摘されていたのであるから、今回の事故は全くの想定外ではない。知っていながら、そこまでは管理できないと悟って、あえてリスクに背を向ける政府や事業者の姿勢があるようでは、市民は政府の原発行政を信頼しないだろう。

福島第一原発事故をきっかけとして、多くの原発が運転を停止し、点検中の原発は安全確認のため、再稼動の目処が立っていない。２０１１年6月29日に政府は、九州電力の定期点検中で停止中の玄海原発第2号機と第3号機に対して、安全性に対して国が責任を持つとして、再稼動を急いだ。政府と佐賀県知事、玄海町長それぞれの話し合いの結果、両首長は再稼動を容認する意思を表示した。しかし、２０１１年7月6日に政府（政府というよりも首相）より唐突に原子炉のストレステスト（災害耐性に関するテスト：地震、津波、全電源喪失、冷却不能の4項目）の通達が出され、ほぼ1週間で再稼動の話が振り出しに戻った。佐賀県知事や玄海町長は、再稼動が決まりかかっていた矢先の政府の通達に対して、「こっちのストレスがたまる」と憤りを示していたようだが、彼らは「安全性に対して国が責任を持つ」という政府の話を詳細に分析し、政府の言うことは信頼できるかどうかの結論を出しただろうか。地震と津波に特化した災害耐性のみではなく、その他の災害（史上まれに見る台風の襲来）、核燃料輸送時の事故、テロ攻撃、サボタージュ（原発内の人間が意図的に原発を破棄する活動を行うこと）などに対する対策、配管の破損、加圧熱衝撃、脆性破壊、応力腐食割れなどの原子炉自体の材料強度学的問題、危機が発生した際の対応能力・補償能力、住民の安全な避難のための緊急指示、大事故の際の地域住民の健康をいかに守るか、被災住民の生活、仕事をいかに保証するなどの能力に関して評価した上で、結論を出す必要がある。原子炉自体の安全評価のみではなく、政府・事業者の安全審査能力、真摯な（隠蔽や違反のない）事業遂行能力についても、じっくり考えて結論を出したとは思われない。政府、事業者の言うことを鵜呑みにしただけではないだろうか。

朝令暮改する政府側にも問題があるが、こういう政府の本質を見抜けない知事や町長の言うことを市民は信頼するだろうか。福島県民に対しても絶対に原発は安全であると政府、事業者は宣言しておきながら、今回のような大事故が発生してしまった。政府、事業者は、有効な対策を講じて、一時避難した住民に対して、また福島県の多くの方々に対して、安心な生活を取り戻してもらうようにはできていない。こういう対策を即座に行うことができる政府、事業者でなければ、市民は「安全を保障する」という甘言に対して決して耳を傾けないだろう。事故に対する反省や防止策、被害を受けた住民に対する措置が十分にできていない現状において、政府が安全性を保証すると言っても、安全を保証するに足りるかどうかをチェックするのに相当の時間がかかる。案の定、九州電力によるやらせメール事件が発覚し、玄海原発の再稼動を肯定する住民の意見がやらせであり、九州電力が原発稼動のために社会的通念に反することを行っていた。政府、自治体は、九州電力の本質を見抜けていないではないか。地域住民に多大な苦難を強いる稀有の大事故を起こしておきながら、津波、地震、電源対策等の表面上のチェックだけで、原発の再稼動に問題がないという結論を下す政府の責任のあいまいさが、福島第一原発事故の大きな原因であると言えよう。

福島第一原発事故のような大事故の再発防止のためには、市民が納得できるように、40年間の原子力行政のいい加減さがもたらした福島第一原発事故に対して、時間をかけて深い分析・反省が必要である。そうでない限り、市民は原発の再稼動に対しては肯定しないだろう。政府、事業者は事故の分析、対策が十分にできていない現状において「原発の安全性を保証する」と軽々しく発言してはならない。政府は今回の事故に対する責任を感じているのだろうか。数ヶ月で「安全です」とお墨付きを出して、市民が納得すると甘く考えているところにも、事故の背後要因が潜んでいたと思われる。

原子力損害の賠償に関する法律の第2章第3条では、「原子炉の運転等の際、当該原子炉の運転等により原子力損害を与えたときには、当該原子炉の運転等に係る原子力事業者がその損害を賠償する責めに任ずる」と述べられているが、「その損害が異常に巨大な天災地変又は社会的動乱によって生じたものであるときは、この限りではない」（これを「残余のリスク」と呼ぶ）として、責任を逃れられる形を取っている。要するに想定できるリスクだけを考えて原発を推進すればよく、「残余のリスク」とは、想定外に対しては、政府も事業者も責任を取らなくてもいいということなのである。そもそも、近隣の住民に対して、原発は絶対に安全であると説明して、原発を建設しているわけであるから、異常に巨大な天災地変であろうが、きっちり責任を取らねばならない。限界のない放射能の影響が及ぶわけであるから、原発を推進する政府と事業者は、どのようなリスクが現実となっても責任を取る必要がある。責任が取れないのならば、原発を推進してはならない。最初から責任逃れの姿勢を示していることも、今回の事故の背後要因である。

(3) 過去の事故から学ぶ能力の欠如

今の政府や事業者からは、絶対に事故を起こさない、何かあっても対処能力を高める、などといった気力が全く窺われない。原発は、公的なものであり、それを推進するための公的な使命感が欠如している。個々の関係者（担当者）のつながりがないライン型の組織になっているのではないだろうか。

上で述べたことを着実に積み上げていく政府、事業者でなければ、またこれが守られているかどうか厳しくチェックできるような社会の仕組みがない限り、いつまでたっても「失敗から学んでいく」能力は、涵養できない。

事業者（東京電力）、政府は、過去の事故事例から学ぶ能力が欠如している。第2章で述べたように、2007年7月の中越沖地震によって、東京電力の柏崎刈羽原発の第3号機の変圧器で火災が発生し、稼動中の第3号機、第4号機、第7号機、第2号機（運転に備えて起動中）に関しても、まさに間一髪で「冷やす」機能喪失を免れたのであった。以上の点を政府や事業者は、適切に教訓化できていない。教訓化しておかなければ、スリーマイル島原発のような大事故に至る可能性があるとみなして、電源確保、核燃料プールの燃料露出、緊急時のオペレータのヒューマン・エラー対策を十分にしておけば、福島第一原発事故を防ぐことができていた可能性がある。

（4）情報公開の迅速性・透明性・正確性

市民に対して、原発の正と負の側面を正しく説明できることはマネジメントする立場には必要不可欠である。原発行政においては、TVの高視聴率トレンディー・ドラマのように視聴者が喜ぶところ（正の部分）だけを一生懸命作り出すようなわけにはいかない。福島第一原発事故に関する政府や事業者からの情報公開が非常に遅く、水素爆発から約5時間後に、その情報が公開され、政府の代表は「影響はない」という言葉を繰り返していた。また、ヨウ素131は半減期が非常に短いため、その影響を無視できるかのような報道がなされ、政府の代表者も「影響はない」と述べていたが、短時間でも人体・生命体に晩発的な影響を与える可能性がある。福島第一原発の第3号機はプルサーマル発電を実施しているため、他の原子炉よりも大きな放射能の影響が現れるが、この点については詳しく述べられていない。

水素爆発による外部への放射能漏れの可能性が高いため、住民の即時緊急避難が必要不可欠であったにもかかわらず、その努力・義務を政府、事業者は実践できなかった。政府は、住民のパニックを恐れて、正確な情報を即時に住民に伝えなかったかもしれないが、第5章でも述べるように、政府が考えているほど簡単にはパニックは発生しない。必要なのは、正しい情報を的確に伝え、防護服を着用し、放射能を抑制する安定ヨウ素剤を摂取し、放射能の影響を最小限に抑えることであった。

肉牛の流通に関しても、7月17日の時点で福島県産の規定値より多い放射性物質を含む肉牛が全国に出荷された。政府、行政から、牛に与える飼料に関する情報を適切に受けておらず、飼料が放射能に汚染されていることを知らずに、牛に与えてしまったことが原因と思われる。政府から福島県内の畜産農家への放射能の拡散に関する正確な情報が与えられなかったこと、および適切な農家への指導が行われなかったことで、福島県内の畜産農家と消費者が多大な迷惑を被った。情報を適切に把握し、市民に正確に伝える能力の欠如は明白である。文書を出しただけですべての畜産農家に情報が伝わると考えるのは誤りで、その通達が確実に履行されるようにするのが、農林水産省の本当の管理能力である。TVの地デジ移行に際しても、繰り返し市民に注意を呼びかけていたが、地デジ完全移行後でも、対応できていない世帯はあるではないか。正しく管理するためには、情報を一回通達したくらいでは、ダメなのである。

原発の情報に関しては、民主、自主、公開の原子力平和利用の3原則に則って、情報を正しく迅速に公開していかねばならない。しかし、原発の情報を正しく公開するということは、原子力の負の側面、危険がオープンになり、原子力行政、事業が推進できなくなるというまさにジレンマ状況が作り出される。

このジレンマを解消しない限り、政府、事業者と市民の間に情報公開の迅速性、透明性は生まれてこない。したがって、政府、事業者が市民の立場に立った民主、自主、公開の原子力平和利用の3原則に従った原子力行政を進めるだけの知識・技量、マネジメント能力を身につけられるように努力していかねばならない。

(5) 三ない主義――議論なし・批判なし・思想なし

これまでの原発推進行政は、厳しく意見を述べる人の意見に対しては全く聞く耳を持たないという思想の元で推進されてきた。原発事故のみではなく、その他の事故に関しても、これと同じ姿勢が貫かれてきた。たとえば、組織に都合のいいように事故調査委員会が構成される場合が多い。JR西日本福知山線脱線事故では、事故調査委員会に旧国鉄OBが入っており、元社長からATS（自動列車停止装置）の設置に関しては、調査委員会で取り上げないように働きかけられた。

別の例として、平成18年に埼玉県ふじみ野市で起こった市営プール給水口への吸い込まれによる女児死亡事故の事故調査委員会では、助役（副市長）を含む身内ばかりで調査委員会を設置し、事故の直接的要因のみについて簡単に議論し、昭和41年から事故発生までに60件の同様の事故が発生し、うち56件は死亡事故であるにもかかわらず、事故の背後要因等に関する議論は全く行われなかったのである。最近の事故事例では、２００８年2月19日早朝に発生したイージス艦あたご漁船清徳丸の衝突事故において、被疑者である防衛省の幹部が、管轄官庁である国土交通省海上保安庁による取調べの前に事故に対する事情聴取を行うという理解不能な違反行動を取った。防衛省の幹部自衛官、政府の役人、政治家の特権意識が、こういった傲慢な違反行動を招いたと思う。防衛省では、海難事故防止に対するきちんとした議論が行われていなかった。１９８８年7月に東京湾で潜水艦なだしおと釣り船が衝突事故を起こしており、20年後に同じことを繰り返している。議論・批判も国防思想もなく、特権階級意識を持つことが、防衛省による同種の海難事故の大きな背後要因である。

無駄なお詫びの会見をする時間があるならば、事故の背後要因を含めた議論・批判の可能な調査をすぐにでも行うべきである。常日頃から気を配り、万が一の際にはその原因をいち早く明確にし、他の組織が同じ過ちを繰り返さないように、迅速かつ正確に情報を公開すべきである。議論・批判によって培われた創造力、組織としての社会的使命に裏付けられた市民に対するサービス精神がない組織は、結局、市民の命をあずかる公的組織たり得ない。

原子力ムラにおいてすべてのことが決定される。文句を言う人は、委員会には入れない。重要な決定を行う委員会には、政府の決定に対してイエスマンになる人ばかりを入れる。このようなことでは、安全文化を高めて、真に市民のことを考えた原子力行政など推進できるわけがない。委員会とは名ばかりで、お役所が決めたこと（すでに結論付けられていること）に対するお墨付きを出すのが仕事になっている。進歩のためには、自分の哲学・思想を持つ専門家が集まって、じっくりと議論をし、批判しながら、いいものを創造していくことが大切である。

三ない主義の下では、人間の進歩などは望むことはできず、かかる状況で事故や安全に対する適切なアプローチ、対策・対応、反省ができるはずもない。こういうことが可能な組織に作り変えていく必要がある。たとえば、事故調査委員会などに関しては、専門知識を有する専門家を多数集めて（客観的にかつ作為なしで選ぶ必要があることは言うまでもない）、番号を付けて登録しておき、調査委員会が必要な際には専門家集団の中からランダムにくじで選ぶようなシステムにすれば、三ない主義を排除可能ではないだろうか。

（6）原発技術の公的使命の欠如

原発は、寄せ集めの技術であり、技術のタコツボ化が進んでいる。たとえば、原子炉はA社、

1次冷却水循環ポンプはB社、中央制御室の計装設計はC社、配管部分の担当はD社、電源系統はE社、冷却系統はF社というふうに、エンジニアは自社の担当部分のみに関心を示し、原発のトータルなシステムとしての機能には、関心がない、またはわからないという状況である。個々のコンポーネントさえ自分の仕事としてしっかりやっていればよいという感覚で個々のエンジニアが仕事に携わらざるを得ない。まさに「個々の木を見るだけで、全体（森）を見ない」と表現できる。3・1のスリーマイル島原発事故で述べたように、オペレータが適切な判断を行うためには、個々の表示ではなく中央制御室の表示を概観して総合的な判断を下さねばならない。

こういう寄せ集め技術のタコツボ化によって、大規模・複雑化した原発システムに内在する危険や事故の根源が設計エラーとして放置されてしまう可能性が高くなる。政府、事業者は原発技術のことは、わからないから、エンジニアに任せたまま、技術の問題点や正当性をチェックできない。政府、事業者は、住民に対して「原発は安全である」と説明しておきながら、確信を持って安全である根拠を技術的に説明できない状態に陥っている。そして、いざというときには、「エンジニアを信頼していた」という無責任な発言につながってしまう。こういう状況であるから、エンジニア、事業者、政府の一体感など期待できない。エンジニア、事業者、政府、現場が一体化しなければ、原発という非常に脆弱性のある大規模・複雑化したシステムの安全性確保という困難な使命を全うしていくことはできないだろう。個々の業務さえ支障なくやっておければという意識が、「原発という非常に難しい技術の安全性を絶対的に確保する」という困難な公的使命に対する遂行能力の向上を妨げているのではないだろうか。公的使命の欠如は、過去の事故から学ぶ能力の欠如、原発の安全性に対する責任のあいまいさなどに直結する。

公的使命は、各人の仕事に対するモチベーション向上につながる。原発に携わる多くの関係者が、公的使命を共通に認識し、同じ立場で（上下関係なく）協力・連携関係を構築しなければ、各人が個々の仕事を主体的に考えるようにはならない。主体性、公的使命によって、原発事故に対する対応・処理能力は高められるのではないかと思われる。残念ながら、現在のわが国では理想から程遠い状態であると判断せざるを得ない。プロ野球のチームでも、各プレーヤが個々人の仕事の殻に閉じこもって自分の仕事だけを行い、自分の主体性、公的使命（この場合は、チームを優勝させること）を全く持っていない場合には、優勝など望めないということである。個人の能力が高いチームが必ず優勝するとは限らない。公的使命が強い選手が多いチームが、強いチームではないだろうか。

安全文化とは、「原子力プラントの安全問題が、すべてに優先することとして、その重要性にふさわしい注意を集めることを確保する組織及び個人の特質と態度を集積したもの」と、１９９１年に国際原子力機関（ＩＡＥＡ）によって定義された。この考え方は、もちろん航空機、鉄道などの原発以外のシステムにもあてはめて考えなければならない。核反応は非常に制御が難しく、作り出される放射能は人間・生命体にとって非常に大きな脅威になり、原発プラント自体が超大規模・複雑システムであるため、原発は、非常に脆弱なシステムである。些細なヒューマン・エラー、設計ミスが連鎖し、安全性がいとも簡単に崩れてしまうシステムであり、原発を地震大国であるわが国において安全に運転することは難しい。また、超大規模・複雑システムであるゆえに、安全性崩壊のすべての可能性をマニュアル化することは不可能である。

このような脆弱なシステムを安全に市民の信頼が得られる形で運転していくには、成熟した安全文化が必要不可欠になるが、これまでに述べてきたように、わが国には安全文化と言えるほどに十分に原発の工学技術、安全・危機管理技術が育っておらず、今後育成可能かどうかも定かではない。安全文化は、原発のみではなく、他の技術やシステムに対しても十分に成熟していなければ、事故・災害に対する適切な予防能力、対応能力を発揮できない。福島第一原発事故の背後要因を図4・2に整理しておく。

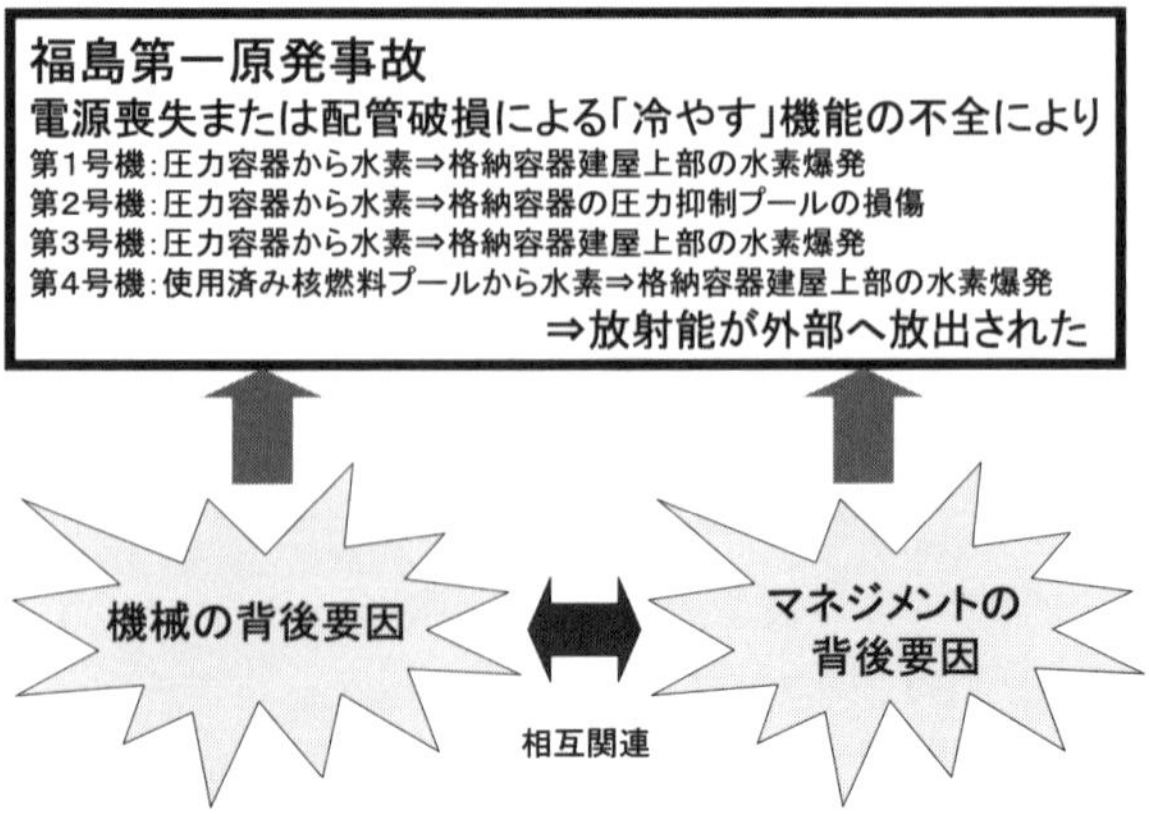
福島第一原発事故
電源喪失または配管破損による「冷やす」機能の不全により
第1号機：圧力容器から水素⇒格納容器建屋上部の水素爆発
第2号機：圧力容器から水素⇒格納容器の圧力抑制プールの損傷
第3号機：圧力容器から水素⇒格納容器建屋上部の水素爆発
第4号機：使用済み核燃料プールから水素⇒格納容器建屋上部の水素爆発
⇒放射能が外部へ放出された
機械の背後要因
相互関連
マネジメントの背後要因

図４・２（ａ） 福島第一原発事故の背後要因

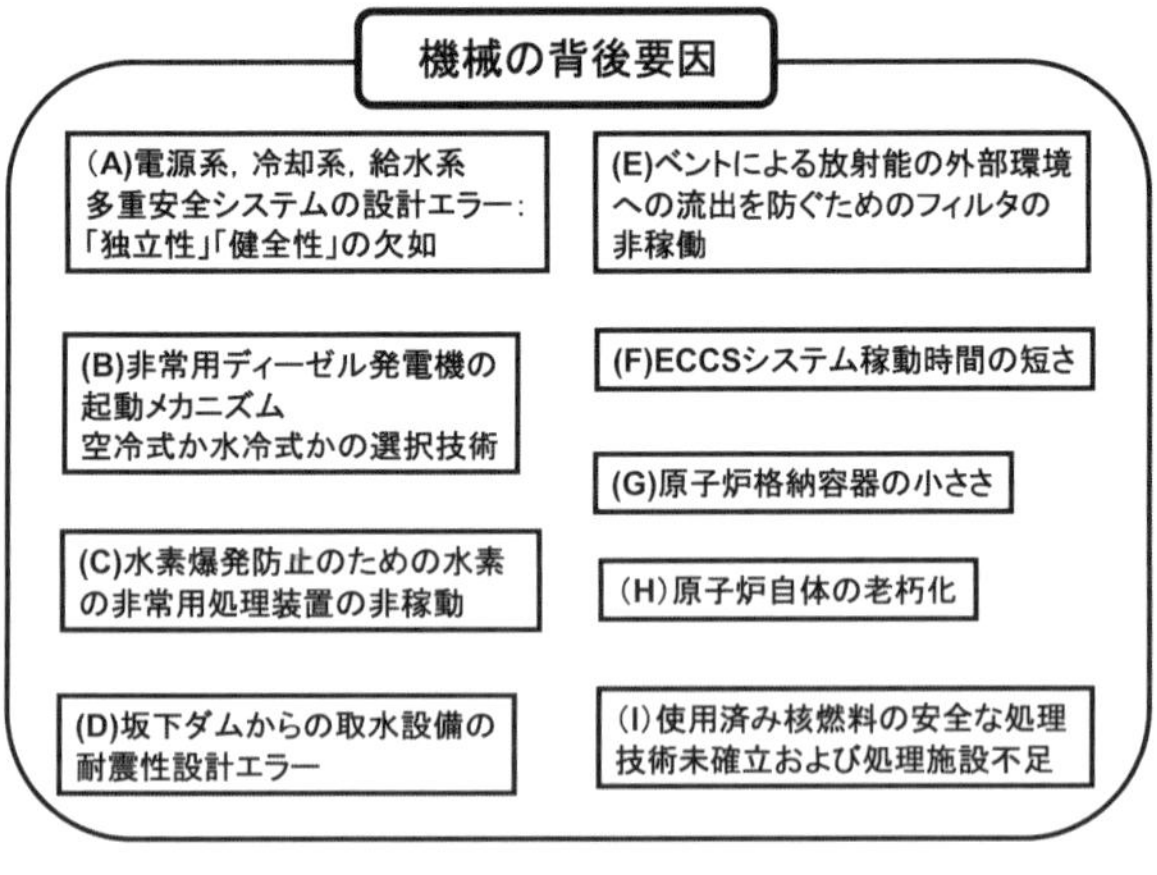
機械の背後要因
(A)電源系，冷却系，給水系 多重安全システムの設計エラー：「独立性」「健全性」の欠如
(B)非常用ディーゼル発電機の起動メカニズム 空冷式か水冷式かの選択技術
(C)水素爆発防止のための水素の非常用処理装置の非稼動
(D)坂下ダムからの取水設備の耐震性設計エラー
(E)ベントによる放射能の外部環境への流出を防ぐためのフィルタの非稼働
(F)ECCSシステム稼動時間の短さ
(G)原子炉格納容器の小ささ
(H)原子炉自体の老朽化
(I)使用済み核燃料の安全な処理技術未確立および処理施設不足

図４・２（ｂ） 福島第一原発事故の背後要因（機械の背後要因）

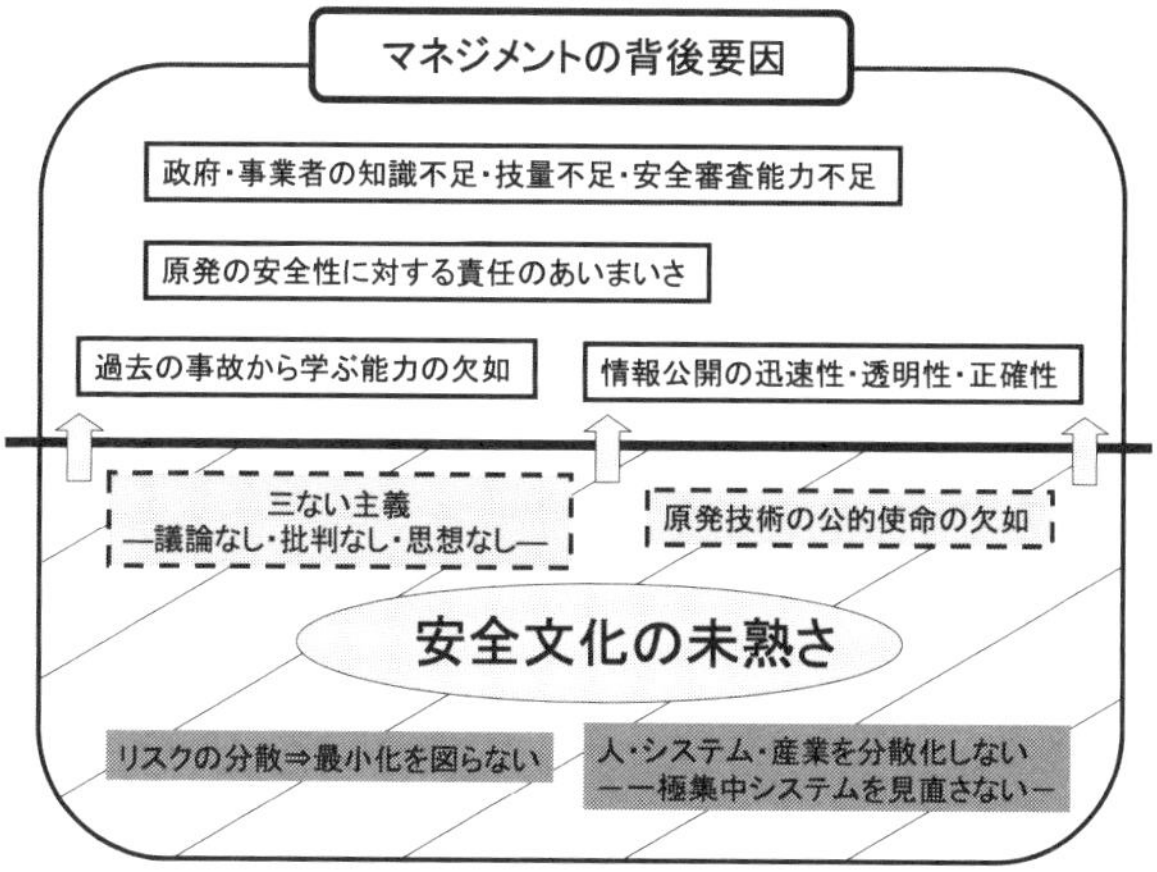
マネジメントの背後要因
政府・事業者の知識不足・技量不足・安全審査能力不足
原発の安全性に対する責任のあいまいさ
過去の事故から学ぶ能力の欠如
情報公開の迅速性・透明性・正確性
三ない主義
—議論なし・批判なし・思想なし—
原発技術の公的使命の欠如
安全文化の未熟さ
リスクの分散⇒最小化を図らない
人・システム・産業を分散化しない
—一極集中システムを見直さない—

図4・2（c） 福島第一原発事故の背後要因（マネジメントの背後要因）

第5章　福島第一原発事故からの教訓
――限界のない原発事故とどう向き合うか

5・1　政府・自治体・政治のなすべきこと

政府は「廃炉技術」「使用済み核燃料処理技術」「危機管理技術」を十分に成熟させないまま、原発推進行政を進めてきた。自治体は、「過疎化対策としての原発誘致」の見直しをすべきであり、東京都市圏で使うべき電気を新潟や福島で作るという考え方も改めねばならない。政府は、使用済み核燃料の処理方法として、ＮＵＭＯによる地層処分場での処理が有効であるということで、有名タレントを使って、その安全性をアピールしていた。ＮＵＭＯとは Nuclear Waste Management Organization のことで、本来ならば放射性廃棄物管理機構が正訳であるが、この名前はイメージアップやPRにふさわしくないということで、これを原子力発電環境整備機構と呼んでいるようである。NUMOは図5・1に示すように、使用済み核燃料（高レベル放射性廃棄物）を地表から地下数百mの地層処分場に埋設して処分しようとするものである。しかし、使用済み核燃料を埋設する際には必ず地下水と交わり、これが放射能で汚染され、環境に悪い影響が及ぶ。

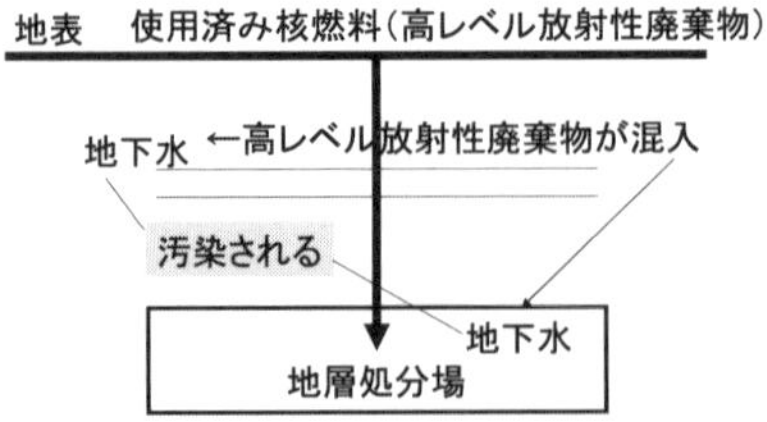

図5・1　NUMOの問題点

NUMOにはこのような問題があり、青森県六ヶ所村の再処理工場では、プールは満杯で、各原発での使用済み核燃料を受け入れる場所がないのが、わが国の現状である。使用済み核燃料の処理場がないため、行き場のない使用済み核燃料は各原発で溜まり続ける一方である。使用済み核燃料といっても長期間にわたって「冷やす」ことを続けねばならない。政府は、市民に対して、使用済み核燃料の適切な処理場がないことを正直に伝えねばならない。また、使用済み核燃料を処理する十分な方法も確立されないままに、40年前から原発行政を見切り発車したことに対して深く反省せねばならない。

一番大切なことは、政府、自治体は市民に対して責任を持てる原発行政推進を行うことである。今のわが国でこれが可能かどうかは、正直なところ、著者にもわからない。政府は、リスクを正しく評価し、最悪のケースにおいても市民に不自由をかけないような計画を持って原発行政を推進すべきである。また、官僚が書いた筋書きに従って行動するのではなく、もう少し専門知識・技術に長けた人間を政府に送るべきである。官僚に関しても同様で、安全審査基準などに関して相当勉強する必要がある。脱原発派の元技術者などが主張している応力腐食割れ、加圧熱衝撃、中性子照射脆化など原子炉の材料強度学的問題に関しても、十分に理解することが必要である。簡単な審査によって、40年間稼動してきた原子炉の稼動延長を簡単に認めるようでは信頼が置けない。災害耐性テストに関しても2段階で評価することを決めただけで、具体的な内容については検討中のようであるが、事故が起こってからこういうことを急に言い出すのではなく、普段から研鑽を積んでわが国独自の優秀なテスト方法を開発しておくべきである。また、災害耐性テストを実施すると発表するからには、その内容が明確になってからにすべきである。ここにも政府の責任のなさがある。

政府は、原発先進国のアメリカやフランスでさえ手を出さなかった高速増殖炉やプルサーマルを進めてしまった。多大な国家予算を投入した高速増殖炉が全く機能していないし、機能の見通しもない（毎年、莫大なお金はかかっている）。これらをどうするかに関しても、深い反省の上で市民に正しい情報を提供し、今後の方向性を伝えるべきであろう。また、近年原子力に携わるエンジニアや研究者の数が減っており、原発廃止、徐々に依存性をなくしていく、原発維持のいずれにおいても、優秀な人材確保という難しい課題に直面せねばならない。

九州電力の玄海原発の再稼動問題でも明らかになったように、自治体は、政府の「安全を保証する」という言葉を根拠もなく受身的に信頼するのではなく、原発行政について十分に理解し、相当な専門知識を身につけた上で、安全性を正しく評価できる力量を身につけるべきである。自治体における過疎化対策としての原発誘致ではよくない。政府の「絶対安全である」という言葉を鵜呑みにした自治体も、政府の原発推進行政の正の側面と負の側面を分析できるように勉強し、市民の安全を第一に考えて、原発誘致の可否を判断せねばならない。玄海原発の再稼動の承認に際して、政府の言うことを根拠もなく信頼し、政府から災害耐性テストを通達され、話が違うと怒りを政府にぶつけるのは筋違いである。政府の言うことの妥当性を科学的に判断できなかった自治体首長のあり方にも反省すべき点は多い。自治体の首長は「原発事故から市民の安全を守る」という強い姿勢と安全を評価する知識・技量がなければならない。

政府における安全推進組織の再考および専門的な能力の養成も必要不可欠であろう。絶対安全ではなく、危険があることを認めて想定外の事態にも対処できる能力を養うことが大切である。「これは絶対に安全」と決めつけて機械やシステムを使ったとしても、事故・トラブルは必ず生じる。機械に対する過信は被害を大きくする。対策として、第4章で述べた「本質安全」技術（図4・1参照）が有効である。作り手が想定している期間外での使用、たとえば原子炉の40年以上の使用が危険因子になる可能性がある。したがって、審査において一定期間を過ぎれば使えなくなる仕組みを組み入れることが大切である。また、「使う人の問題」（エラー等）に関する知識を社会で共有化しにくいが、これを共有できるようにすることが大切である。原発などの事故事例を全国にある54基の原子炉で共有できれば、失敗から学ぶ力を養成できる。

原発技術では、未解明の技術が多い。たとえば、応力腐食割れはどのような条件で生じるか、完全に解明されていない。原発技術は歴史が浅く、あらゆる危険に対処するための「経験知」が十分に蓄積されていない。であるからこそ、失敗から学ぶ力の養成なくしては、大規模・複雑な原発システムの安全な運転など可能になるはずはない。津波・地震の備えをどの程度まで、いかにすべきかが今注目されているが、これは社会全体の意思として、原子力平和利用の3原則に則って決定されねばならない。偏った原子力ムラのような寄り合い組織を排除すべきである。第4章でも述べたように三ない主義では、決して失敗から学ぶ力を養成し、災害耐性を高めることはできない。

2003年7月浜岡原発の周辺住民が、浜岡原発の耐震性に問題があり、政府の地震想定も甘いとして、浜岡原発第1～第4号機の運転差し止めの訴訟を起こした。訴訟の結果は、安全評価に問題はなく、また非常用ディーゼル発電機が2台同時に作動しなくなることはないとして、第一審では住民の訴えは却下された。2007年の中越沖地震、福島第一原発事故をきっかけに、

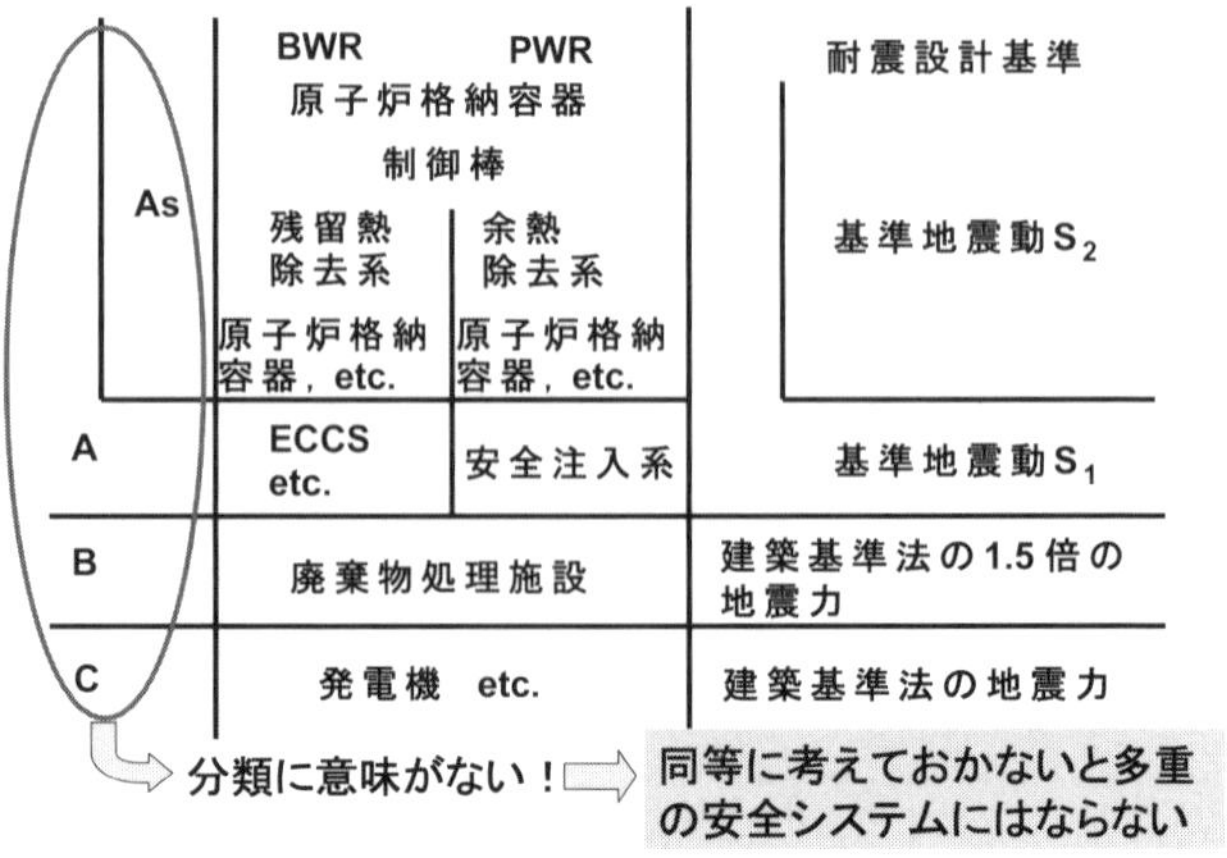

	BWR	PWR	耐震設計基準
As	原子炉格納容器		
	制御棒		基準地震動 S_2
	残留熱除去系	余熱除去系	
	原子炉格納容器, etc.	原子炉格納容器, etc.	
A	ECCS etc.	安全注入系	基準地震動 S_1
B	廃棄物処理施設		建築基準法の1.5倍の地震力
C	発電機 etc.		建築基準法の地震力

図５・２　耐震設計上の施設の重要度分類

政府も浜岡原発の危険性に対する認識を高めたようであるが、地震による原発の危険性に対してもう少し早く気づくべきであった。図５・２に耐震設計上の施設の重要度分類（１９７８年）を示す。施設の重要度というふうに分類されているが、福島第一原発事故では、Ｃクラスの非常用ディーゼル発電機の非稼動、もしくは配管の破損がＡｓクラスの原子炉格納容器に影響し、「冷やす」機能が失われた可能性があり、施設を図５・２のように分類すること自体に意味がない。２００６年にＳ１、Ｓ２をＳｓに、ＡとＡｓを合わせてＳにする分類変更が行われたが、原発のシステムは、どこが故障・破損しても大きな事故に至る可能性を持っており、すべての施設の重要度は同じであると考えなければならない。ここからも、政府の考え方の甘さを認めざるを得ない。

政治家たち、特に今の野党がここ40年にわたって続けてきたいい加減な政治が、今日の福島の現状をもたらしていると言っても過言ではない。野党も自分たちの責任を棚に上げて、政府の批判をしたり、この時期に解散を要求したりする前に、自分たちが過疎の自治体に札束をたたきつけて、安全な運転システム、使用済み核燃料の処理方法、危機管理の計画・方法論も十分に確立されていない原発を無理やり押し付け、今日の福島の惨状に至り、多くの人に苦難を与えていることを大いに反省し、学ぶべきである。

5・2 事業者のなすべきこと

とにかく、事業者は正確な情報を住民に提示し、住民の安全を絶対視した行動を取らねばならない。また、原発を強引に再稼動しようとして、偽メール事件によってあたかも市民が原発に対して肯定的な意見であるかのように見せかけるのは許されることではない。再稼動によって九州電力は、収入を得ることができ、電力不足が少しでも解消されれば、市民も助かるわけであるが、第2章でも述べたように、効率重視（安全性∧効率）の考え方へのシフトは、事故につながることを十分に認識せねばならない。

九州電力だけではなく、東京電力、中国電力などにおいても情報の隠蔽体質がある。たとえば、東京電力福島第一原発では、２０１０年末までに多くの事故が発生している。東京電力では、１９７８年に福島第一原発第３号機で、約７時間半に及んで発生した制御棒挿入ミスによる臨界事故を２００８年まで約30年間にわたって隠蔽してきた。また、２００２年８月に福島第一、第二原発での故障・ひび割れの隠蔽が発覚し、プルサーマル計画が頓挫し、トップが辞任を迫られた。中国電力では、原発建設場所には大きな活断層は認められないとして建設を進めたが、実際には、約18㎞の活断層があると国土地理院が認めた。

市民に対しては「絶対に安全である」と言って建設しているにもかかわらず、このように事故を隠蔽する事業者の体質では、市民からの信頼が得られるはずはない。事業者側と市民のリスク・コミュニケーションが大切であると言っても、これはただ単なる原発のＰＲとしてしか受け取られない。市民にいい点ばかりを伝えるのではなく、リスクや事故の情報を正直に話して、どうすればリスクや事故と適切に向き合って安全を守れるかを、また事業者の責任として安全を守っていけるかを真剣に考えない限り、市民の理解は得られない。プルサーマル発電に関しても、ウラン２３５による発電よりもＭＯＸ燃料を使用した発電のほうが、中性子を約１万倍多く産出する非常に危険な発電方法であるにもかかわらず、その危険性は事業者から住民に伝えられることはあまりない。過疎の自治体に資金を投入し、自治体の経済的活性化につなげるためだけでは、市民は原発に対する理解を示さないし、事業者の事故隠蔽の体質は、一朝一夕で改まるとは考えないだろう。

事業者は、安全工学、人間工学、原子炉工学、材料力学、材料強度学などの知識についてもう少し懸命になって吸収し、安全な原子炉運転に必要不可欠な知識を身につけねばならない。特に、応力腐食割れ、脆性破壊、加圧熱衝撃などの原子炉の材料強度学的な問題、配管等の耐震性に関する十分な知識、さらには同種の原子炉、蒸気発生器、加圧器に関するトラブル、事故の情報に対しては敏感に対応し、知識を吸収していかねばならない。次のような点に留意せねばならない。

・自分たちは大丈夫という心理を排除し、常に最悪のケースを想定した行動や対応を心がけておかねばならない。
・激しい熱変化や力が加わる部分や地震に対して脆弱な配管部分の耐久性・信頼性について十分認識し、日常的に時間をかけて、また適切な人員を割り振って、これらの箇所を十分に点検しておく。
・事故を想定した「事故⇓原因」への逆方向の思考によって、ミス・欠陥の連鎖を多数洗い出し、常に思考力を高めておく。

5・3　市民のなすべきこと

市民は、政府、事業者のいい加減な口先だけの「安全宣言」を見抜くことができる十分な知識を身につけねばならない。また、原発推進派と脱原発派の意見を客観的に評価して、考えていく力を養う必要がある。電気を浪費するスタイルも変更していくべきであろう。たとえば、深夜営業の店が増えて確かに便利になり生活の幅は広がった。不便を強いられるかもしれないが、自販機を減らしていく、コンビニの営業可能時間を短縮する、夏の暑い時期には都会を離れて田舎で自然とともに生活するなどのライフスタイルの変化によって、エネルギーの浪費を減らすことができるだろう。

原発におけるリスク・コミュニケーションによって、原発事業によるリスク（危険性とその影響度）と利益の両者を正しく評価することも大切である。リスク・コミュニケーションという言葉を、政府や事業者の単なる宣伝にとどめるのではなく、真実を見分ける眼力を養わねばならない。政府や事業者が隠蔽している点、真に安全かどうかを見極めるためには、市民の側にも相当の知識が必要になる。事業者、政府と市民のリスク・コミュニケーションが成立するためには、両者の知識に大きな相違がないことが必要不可欠である。

知識確認のための質問25項目を以下に示してみる。「イエス」か「ノー」で答えてみてほしい。

（1）半減期の長いものに比べて、ヨウ素131のような半減期の短い放射能の影響は大きくない。

（2）災害時にはパニックが必ず起きるため、自治体、政府は住民に情報を提供する際には、パニックが起きないように留意して情報をすべて正直に公開するのではなく、うまく加工してパニックが起こらないようにすべきである。

（3）使用済み核燃料を取り扱う際には、原子炉を取り扱うほど慎重になる必要はない。

（4）高速増殖炉「もんじゅ」によって使用済み核燃料を有効活用できる可能性が高い。

（5）NUMOによって使用済み核燃料を地下に埋設することは、安全である。

（6）防護服によって放射能を完全に遮断できる。

（7）海水によって原子炉を適切に冷却できる。

（8）プルサーマルによる発電もウラン235を燃料とする発電でも、万が一の際の人間、生命体への危険度は同じである。

（9）CO_2の増加が必ず地球温暖化につながる。

(10) 中性子線は鉛や熱い鉄の板で遮断できる。
(11) 原発ではCO_2は一切出さない。
(12) 水素爆発による人体、生命体への直接的な影響は少ない。
(13) 地震の際には、速やかに机の下にもぐるべきである。
(14) 地震の際には、避難所へ直行すべきである。
(15) 地震による停電の際には、ローソクを使用する。
(16) 災害時には、誰もが一目散に逃げ出す。
(17) 災害時には、空気を読み集団の行動に必ず従う。
(18) 災害時には、絶対にパニックに注意すべきである。
(19) 災害に備えて、1〜2ヶ月はしのげるような備えはオーバーである。
(20) 災害時には、過去の事例に従って行動すべきである。
(21) 原発の発電コストは他の発電方法に比べて安い。
(22) 原子力安全保安院・原子力安全委員会は、政府とは完全に独立した第三者的安全審査機関である。
(23) 年間積算被曝量を100から200mSv／年に引き上げたのには、妥当な理由がある。
(24) PWR、BWRなどの日本で用いられている原子炉はチェルノブイリ原発で用いられていた黒鉛減速沸騰軽水圧力管型原子炉よりも安全である。

(25) 人間がちょっとしたミスを犯したくらいでは大事故に至らないように、原発には様々な工夫が凝らしてあるので、安心である。

以上の25問に対する答えはすべて「ノー」である。皆さん、これらの質問に対して正しく解答できたであろうか。

住民と事業者・政府の間のリスク・コミュニケーションを、ただ単なる広報活動にしてはならない。包み隠すことなく原発の利点と欠点を語り、意見を交わしながら、今後どうしていくべきかについて真に議論していく必要がある。真のリスク・コミュニケーションとは、議論を尽くしてリスクに対する溝が埋まらず、適切な対処法がない場合には、リスクを避ける(たとえば、古い原発を廃炉にする)意思決定につなげていくことである。

5・4 プラントメーカーのなすべきこと

材料強度学、安全システム工学、人間工学、制御技術、放射線学、地震学、変形地質学などの学際的な分野の幅広い知識・知見を有機的かつ体系的に統合化した技術が、原発プラント設計技術である。これまでの政府の安全審査組織による原発の「安全評価」では、こういった基盤技術に基づいておらず、考え得る最悪のケースを想定していない。なぜならば、これによって原発の建設が不可能になるからである。著者は、事故（最悪のケース）を想定せずに今回の福島第一原発事故やチェルノブイリ原発事故のような取り返しのつかないようなことを起こすような技術は、未成熟と考える。これに対して、果敢にチャレンジしていくには、エンジニアの層の厚さや、エンジニアのチームプレーが必要不可欠と考える。

プラントメーカーといっても、原子炉の設計製造、給水ポンプの設計製造、中央制御室の計装・制御系の設計・施工など様々なメーカーが、また、元請けメーカー、下請けメーカー、孫請けメーカーという形で非常に多くの組織が原発に関わっている。これらのメーカーは、電力事業者からの依頼を受けて、原発という大規模・複雑な一つのシステムのコンポーネントを設計・製造・保守するという仕事を行うわけである。一つのチームとして、原発の設計・製造・保守に携わっているわけであるが、関係者同士の情報が共有しにくくなっている。また、事業者とプラントメーカーの連携も十分にはできていない。たとえば、3・6の美浜原発配管亀裂事故で述べたように、関西電力、三菱重工、下請け会社、孫請け会社で配管の減肉状況に関する情報が全く共有できておらず、関西電力、三菱重工などの大きな組織は、下請け、孫請けにまかせっきりの状況であった。

わが国では大元になる日立製作所、東芝、三菱重工などのメーカーが、下請け、孫請けなどの関連企業と連携を取り、一つのチームとしてまとまりを持って、さらには事業者と連携を深めていかねば、限界のないリスクを抱える原発プラントの安全な運転はできない。第4章でも述べたように、原発に携わるすべての人が、公的使命を持ち、三ない主義を排除して堂々と議論しながらお互いに進歩していこうとする精神を持たなければならない（持つべきであった）。これが実践されていれば（不可能であったかもしれないが）、政府や事業者、マスコミが言う未曾有の大災害にも対処できる強靭なシステムが完成していたかもしれない。

技術的な問題として、たとえば次のような問題が各方面から指摘されている（特に田中三彦著『原発はなぜ危険か——元設計技師の証言』岩波新書、1990年）。冷却材喪失によって、原子炉圧力容器に出入りしている冷却材用配管が損傷し、炉心溶融に至る可能性がある。冷却材喪失とは、原子炉圧力容器に出入りしている冷却材用配管が損傷すると炉心溶融につながる。原子炉圧力容器の炉心溶融によって、原子炉格納容器と周辺コンクリート溶解が発生し、地下水によって水蒸気爆発が起こる可能性がある。第1章でも述べたが、福島第一原発事故に関しても、津波が襲来する以前に、配管系の損傷で冷却材喪失が生じた可能性が指摘されている。冷却材喪失の可能性については、安全項目として検討しておくことは必要不可欠である。

原子炉圧力容器の中性子照射脆化によって、破片が超高速で飛び散り、格納容器を貫通し、ECCSが破損する可能性も指摘されている。NDT（Nil-Ductility Transition Temperature）以下になれば、脆性破壊の観点から危険であり、原子炉ではNDT＋60°F以上に保つことが脆性破壊防止につながる。脆性破壊の条件は、①構造物に欠陥がある、②欠陥を拡大させる力が働く、③NDT＋60°F以下、④鋼材が厚い、の4つであるが、原子炉は、①、②、④を満たす。NDTが低ければ、「NDT＋60°F以上に保つ」は確実に守られる。しかし、経年変化とともにNDTは高くなり、「NDT＋60°F以上に保つ」ことができなくなる。したがって、経年変化に伴う原子炉圧力容器の脆性破壊による大事故の可能性に十分に注意を払う必要がある。古い原子炉を用いている原発の操業延長を安全保安院は簡単に認めているようであるが、こういった材料強度学的観点から十分に検討を加えているとは思われない。

原子炉、冷却材に対して、加圧熱衝撃PTS（Pressurized Thermal Shock）の問題もおろそかにはできない。たとえば、熱湯を冷たいコップにかけると熱衝撃によってコップは割れてしまう。原子炉起動時には、ゆっくり通常運転温度まであげていくが、この際に容器およびその内外面に温度差が生じ、これが繰り返されると、圧力容器の鋼の熱疲労が生じる。したがって、冷却材の温度変化は55℃／時間が望ましいとされる。また、冷却機能喪失によってECCSが作動し、冷たい水が一気に炉内へ送り込まれると、原始炉は熱衝撃を受ける。

わが国独自の脆性破壊防止に関する基準はないため、早急に設定すべき課題である。原子炉の応力解析で高度なスキルが必要であり、これまでは主観、勘に頼った計算が行われ、解析結果の妥当性のチェック方法が確立されていないようである。実際問題として、このような形で原子炉は設計されているが、エンジニアが完全に自信を持って設計したものではなく、設計結果が妥当であるかどうかは定かではないという恐ろしいことが行われている。わが国では、エキスパートである第三者が安全審査に関わらないという非常に安全上大きな危惧が生じるような体制になっている。プラントメーカーは、安全の最終責任は、事業者、政府にあると考えるのではなく、たとえば自分たちの解析・設計における信頼性に自信がない場合には、それを事業者、政府に伝えて完全な問題解決を図るべきである。今まで何も起こっていないからこれからも大丈夫では、ダメである。

5・5　災害時の人間の心理を理解した上での減災対策

災害時の人間の心理を知ることは、減災につながる。災害・事故に遭遇した場合に、われわれは必死に逃げるだろうか。この答えは、「ノー」のことが多い。アメリカの各家庭では、1～2ヶ月は生き延びられる食料備蓄を持っているが、わが国では、大きな災害時に懐中電灯や手回し充電器などの需要が増加しても、日常からこのような食料の備蓄を持っている家庭はまれである。恐怖、不安を駆り立てることによって、災害に対する備えはできても、これが長続きしない。逆に不安、恐怖が大きすぎると人間はあえてこれを無視するようになる。

災害時にわれわれが経験することが多い心理の側面を述べてみたい。何かの事故・災害が発生してもわれわれは、「こんなことが起こるはずがない」「自分だけは大丈夫」という気持ちに陥ってしまう。専門的には、これを正常性へのバイアスと言う。また、われわれは「自分が認めたくない情報」を「都合のいい情報」に変えて、不快感を取り除き心の平穏を保とうとする心の働きがあり、認知的不協和（cognitive dissonance）と呼ばれる。集団同調性バイアスというのもあって、これは集団でいると自分だけが他の人と違う行動を取りにくくなることを言う。集団で同じ行動を取ることによって、集団全体が逃げ遅れて、被害に遭う場合がある。また、皆がいるから大丈夫という心理的バイアスに陥りがちである。極度の恐怖や不安が必ずしも避難行動につながるとは限らない。「こんなことが起こるはずがない」「自分だけは大丈夫」という正常性へのバイアスに陥ってしまい、これが避難行動の障害になる場合がある。

「見たことがある」「聞いたことがある」という間接的疑似体験が、現場の状況よりも先入観を優先した判断につながり、正しい判断が阻害される場合がある。これを防ぐためには、情報の受け手側に正しい状況判断能力が必要不可欠になる。過去の事例を参考にして行動することは大切であるが、これだけにとらわれてはいけない。常に最悪のケースを想定しながら、マニュアルには書いていないことにも対応可能なように、臨機応変な知識を養成しておくことが大切である。

行政側は、住民がパニックに陥ることを警戒しすぎるようである。これは、パニック過大評価バイアスまたはパニック神話と呼ばれる。政府が、福島第一原発の水素爆発の発表を遅らせてしまったのも、パニック過大評価バイアスによると推測される。上述のように、パニックが起こることはまれであるが、パニック過大評価バイアスによって正確な情報が市民に提供されないことがある。行政側は、このような状況に陥るのではなく、正確な情報を迅速に提示して、むしろ、正常性バイアスに陥って警戒宣言に対して安全行動を取ろうとしない住民に避難などの安全行動を促すことのほうが重要である。災害時には、行政等による重要な情報隠蔽のほうが恐ろしい。

集団的手抜きとは、誰かがやると思い込んで、自分自身は全くやろうとしない心理をさす。2008年2月に発生したイージス艦あたご清徳丸の衝突事故では、事故当時24人の自衛官が見張り業務に従事していたが、誰一人として適切な衝突回避措置を取れなかった。これこそ、誰かがやるだろうという心理、すなわち集団的手抜きが働いたものではないだろうか。不確定な状況下での判断は、決まった解決策はなく、その場の状況に応じたアンカリングや調整ヒューリスティックなど、経験則を活用して行われる場合が多い。アンカリングとは、最初に見聞きした情報に大きなウェイトを置くことである。調整ヒューリスティックとは、アンカリングに基づいて、最初に直観的に判断した値や与えられた値に大きなウェイトを置き、これを手がかりにして、調整を行いながら確率やリスクを推定することである。しかし、この調整を十分に行わず、初期値にとらわれてしまうことがある。経験則を用いて不確定な状況での判断を行うケースでは、過去の経験に依存しすぎると、適切な行動を取れなくなる。すなわち、安全の死角が生じてしまう。これを避けるには、多角的・複眼的なものの捉え方、見方が必要になる。危機管理、防災においては、守るべきものを what、who、when、how の点から明確に定義することも大切である。また、集団内の空気を読んで、グループシンク（集団愚考：間違っているとわかっていても、集団の輪を乱さないように間違った行動を取ること）に陥ることがあってはならない。一般には、不安状態において専門家の情報が与えられると、この情報が一人歩きし、歪められ、デマが起こりやすくなる。

個々人の防災力（知識、防災への意識）を正しい知識によってレベルアップし、安全への正しい意識を持つことも大事である。災害時の人間の心理を図5・3に整理しておく。次のような項目に対する対策が重要になる。

（1）集団バイアスに陥らない。

（2）専門家の言うことを盲信してはならない。

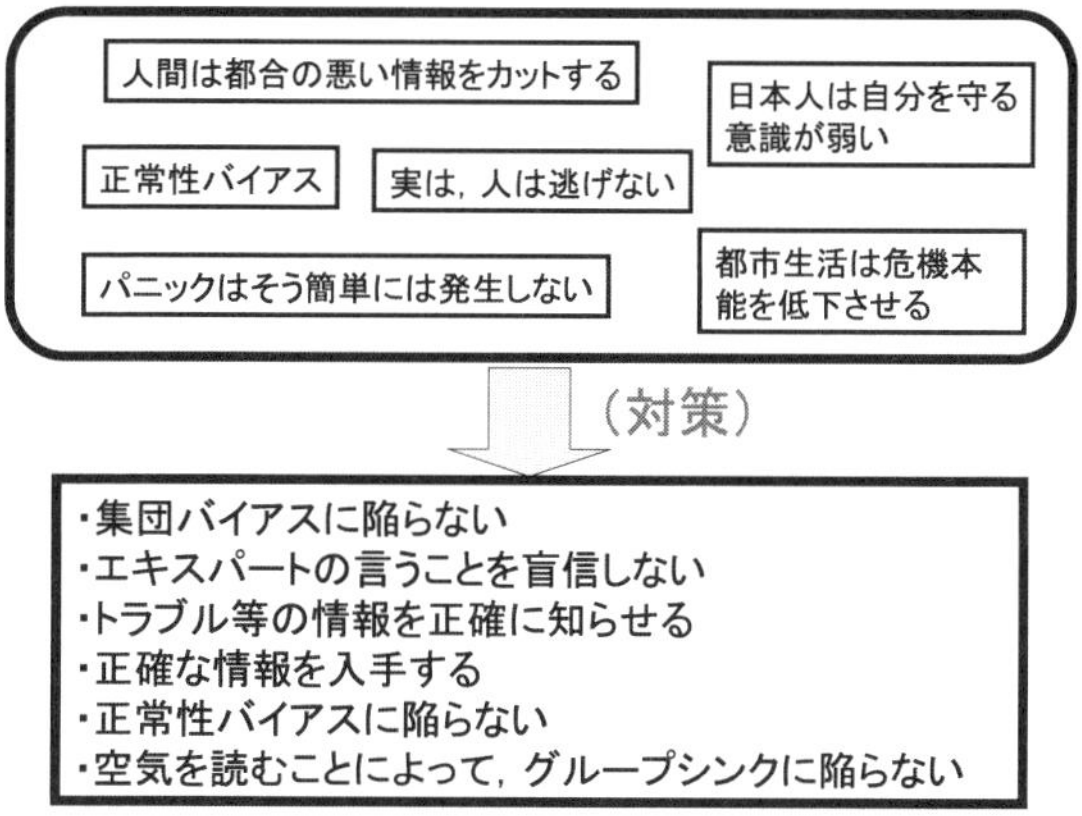
人間は都合の悪い情報をカットする
日本人は自分を守る意識が弱い
正常性バイアス
実は，人は逃げない
パニックはそう簡単には発生しない
都市生活は危機本能を低下させる
（対策）
・集団バイアスに陥らない
・エキスパートの言うことを盲信しない
・トラブル等の情報を正確に知らせる
・正確な情報を入手する
・正常性バイアスに陥らない
・空気を読むことによって，グループシンクに陥らない

図5・3　災害時の人間の心理

(3) トラブル等の情報を隠蔽することなく、住民に正確に知らせる。
(4) 過去の事例にとらわれず、常に最悪のケースを想定して行動する。
(5) 正常性バイアスに陥らない。
(6) 空気を読むことによって、グループシンク（集団愚考）に陥らない。

各自治体も最近では、地域ごとに防災マップを作成し、住民に配布しているようであるが、これだけで地域住民が災害時に適切な行動を取れるとは思えない。住民の災害時の適切な能力を養成する講習会の開催などが必要ではないだろうか。また、どういう行動を取るべきか、たとえば、どこの指示に従うか、病人、障害者、高齢者等への対応はどうすべきかなどに関して、もう少し詳しい指示が必要ではないだろうか。

5・6　社会の総意としての原発事故に対する総合的対応計画の策定

原子力災害対策特別措置法第26条では次のように記されている。

第26条　緊急事態応急対策は、次の事項について行うものとする。
（1）原子力緊急事態宣言その他原子力災害に関する情報の伝達及び避難の勧告又は指示。
（2）放射線量の測定その他原子力災害に関する情報の収集。
（3）被災者の救難、救助その他保護。
（4）施設及び設備の整備及び点検並びに応急の復旧。
（5）犯罪の予防、交通の規制その他当該原子力災害を受けた地域における社会秩序の維持。
（6）緊急輸送の確保。
（7）食料、医薬品その他の物資の確保、居住者等の被曝放射線量の測定、放射性物質による汚染の除去その他の応急措置の実施。

原子力緊急事態宣言とは、同措置法第２条第２項によって、「原子力事業者の原子炉の運転等により放射性物質または放射線が異常な水準で当該原子力事業者の原子力事業所外へ放出された事態」と定義されている。

今回の事故に対して、政府、事業者が措置法に記された対応を十分にできていないという批判もあった。たとえば、水素爆発からかなり時間が経った後で、「情報の伝達及び避難の勧告又は指示」が行われている。また、放射線量の測定とその他原子力災害に関する情報の収集が後手に回り、住民を安全に緊急避難させられなかったのも事実であろう。

ここでよく考えておかねばならないのは、誰が総理大臣であろうが、官房長官であろうが、今回の事態に対しては、同じような対応しかできなかったのではないかということである。現場から種々の情報が伝えられても、彼らが自分で意思決定するだけの原子力災害に対する十分な知識・技術を有していただろうか。政治家から一時的に政府に入っている人たちには、こういう重要な仕事は非常に難しく、緊急の対応・判断を瞬時に行うことは無理である。今の政治家、政府の閣僚は、選挙に勝ち抜くプロフェッショナルかもしれないが、政策・法案の運営・チェック能力があるかどうかは、知る由もない。「選挙で勝てればすべてよし」の考え方は、大いに改められるべきである。こういう状態であるにもかかわらず、当時の総理大臣や担当大臣は、自分の無知を顧みず、適切な人材に対応を任せて、自分たちは大所高所から対応を見守ることをしなかった。

総理大臣や担当大臣が、十分な対応が可能であるとみなすこと自体に無理があるわけである。かかる事態において、上記の法律で事足りると思っていた点は、政治家が大いに反省しなければいけないだろう。野党などは、総理大臣や官房長官の対応を非難していたが、本来野党が推し進めてきた原子力政策に対しての反省はあるのだろうか。今の野党が政権担当時に、同じような事故対応を迫られていたとしても、今の与党のような対応しかできなかったと思われる。「選挙に勝てる⇓政策に対する専門知識が非常に高い」という論理は決して成り立たないことを認識する必要がある。今の政治家と呼ばれている人たちにすべてを任せるような現在のシステムのまずさを認識せねばならない。

それではどうすればよいか。ＩＡＥＡのガイドラインにあるように、緊急時には総理大臣ではなく、本当に現場を知っていると思われる人間を緊急事態での責任者にすべきである。ＩＡＥＡの原発重大事故管理ガイド第32条82項では、「事故鎮静化を要する事故段階における意思決定権は緊急時ディレクターにある」と書かれている。緊急時ディレクターは、現場を最もよく知っていると考えられる原発の所長がその職に当たる場合が多い。総理大臣や官房長官から、また現場を知らない東京電力の重役から説明を受けるよりも、原発の所長、現場のエンジニアから説明を聞くほうが、よっぽど有益な情報が得られるだろう。今回の事故をきっかけに、今までのような政府のあり方を見直さねばならない。政府の代表者を事故対策本部長としている非実用的な体制が、政府と事業者である東京電力とのコミュニケーションを阻害する要因ではないだろうか。

政府は、「危機管理手法」に関する明確な技術・方法論が確立されていない状態で、原発推進行政に踏み切ったことはすでに述べた。ここでは、原発災害（チェルノブイリ、福島第一に相当）を想定して、危機管理はどうあるべきかについて述べてみたい。

（1）災害状況把握・通報体制

最短時間で状況を把握できるような体制になっていなければならない。また、事業者、政府から知事、当該市長などの近隣の自治体首長に対して、正しい情報が迅速に届くようにしなければならない。

（2）適切な避難指示体制・救出支援体制

最短時間で、5・5に述べた災害心理を理解した上での避難計画ができる体制を確立すべきである。危険区域の住民の避難における安全（ヨウ素剤摂取、防護服着用、避難における移動手段など）を確保できるような体制構築も、必要不可欠である。災害状況を短時間でできる限り正確に把握し、避難場所確保、在宅介護者、怪我人に対する医療支援、避難者に対する食料・物資支援、適切な衛生環境確保を行える体制になっているかを日頃からチェックしておかねばならない。最悪のケースを想定し、医療支援のための病院を近隣県で確保できるか、食料・生活物資を近隣の都道府県、地域圏からいかに効率的に調達するかの計画を、シミュレーションによって立案しておかねばならない。

要救助者の救助体制を、警察、自衛隊、近隣県を中心に早急に構築し、被災者の不自由をいかに最小にするかの計画が十分に練られていなければならない。救出支援体制が整うまでに（警察、自衛隊、近隣自治体を中心とした救出体制が構築されるまでに）どれくらい時間がかかるのか、緻密に計画しておかねばならない。支援（短期・長期）のための外部からの応援内容・人数に関しても、外部からの応援（短期・長期）内容・人数の適切な要請のために、これらに対する緻密な計画を策定する必要がある。どれくらいの人数が必要か、事故の状況が明らかになるに連れて、適応的に必要人数を割り出して、応援内容に応じた人数確保が短期で可能かどうかを計画しておく必要がある。

病院の診療体制に関しては、最悪の事態の想定から、必要人数・役割を見積もり、当該自治体だけでは不十分な場合は、近隣自治体に対していかに応援要請するか（どれくらいの人数を派遣可能か）、広域連合の話し合いによって、つめておかねばならない。

警察の警備体制、治安維持対策も、十分に練っておかねばならない。大災害・事故に付け込んだ窃盗・強盗、避難所でのトラブルに対して毅然とした態度で望めるような体制作りも必要であろう。消防の活動体制（怪我人・病人搬送）も、事故・災害時の初動体制として非常に重要で、東京電力柏崎刈羽原発事故では、第3号機の変圧器で火災が発生したが、消防車を出動要請しても、地震による周辺地域の混乱で、道路が渋滞していたため、原発に到着するのが遅れてしまった。何とか鎮火したからよかったものの、これが原因で第3号機の電源が喪失し、原子炉を「冷やす」機能が失われる可能性があった。一刻を争うような病人・怪我人を病院に搬送しなければならない場合に、地域住民が一斉に車で移動すれば、適切な医療の妨げになる。これらを抑止可能な行動計画も策定し、大事故、災害時の消防・救急活動がスムーズに実行できるようにルールを決めて、緊急な病院搬送、救出等を要しない市民の行動を管理できるようにしておかねばならない。

（3）災害対策本部・復興本部

政府・事業者（電力会社）・自治体は、迅速な対応のために何が必要か、日頃から連携して話し合っておかねばならない。ここで、「主導権をどこが握るか」が非常に大切な問題である。災害現場での主導権は、地元のことをよく知る知事や市長が望ましいと考える。また、3者の役割分担をどうするかに関しても、責任が明確になるように話し合っておく必要がある。自治体にも相当の権限を付与する必要があるのではないだろうか。なぜならば、上述のように、原発の事故対策責任は現場に任せればよいということを述べたが、政府よりも地元自治体のほうが事態に対応しやすく、地元のこともよく知っている。自治体にどのような権限を与えるか、政府、自治体で十分な話し合いをしておく必要がある。他県への放射能の影響を評価すると同時に、いかにこれらの地域と連携するかも重要であり、適切な連携計画、影響評価が必要である。大災害時の一般からの寄付物資の余剰の問題等々についても、阪神大震災、東日本大震災での経験を活かしながら、いかに効率的に一般の方々の寄付をお願いするかを考えていかねばならない（せっかくの物資の余剰や、その整理のための時間的ロスを少なくする必要がある）。

原発運転では、チェルノブイリ原発や福島第一原発のように大災害が発生することが全くないとは言えない。したがって、原発を誘致する自治体としては、安全性のチェックはもとより、ここで述べているような危機管理の体制を確立でき、市民に及ぶ被害を最小限にとどめ、最短で復興ができる計画が十分に練られていることを確認した上でなければ、原発の誘致などすべきではない（また、すべきではなかった）。

（4）デマ・流言・風評被害に対する対策

阪神大震災の際にもそうであったように、東日本大震災、福島第一原発事故に対して、阪神大震災の際と同様に、流言・デマが飛び交った。風評被害・流言・デマに対する対策をどうすればいいか、今後じっくり考えていかねばならない問題である。流言・デマに惑わされないような正しい知識を一般市民が身につけていくことも大切であるが、こういう非常事態に際して、悪意を持って流言・デマを流しているソースに対しては、公的に毅然とした態度を示すべきではないだろうか。

流言・デマが流れるのは、緊急時の人間集団においてある程度はやむを得ないことかもしれないが、流言・デマによって多くの人々が不快な思いをするし、最悪の場合には、これが原因で殺人まで行われる場合がある。古い話であるが、たとえば、関東大震災においては、「朝鮮人が井戸に毒を入れた」という流言・デマが広がり、多くの朝鮮人の方が民衆の手によって殺されてしまった。また、流言・デマはこういった直接的な被害のみではなく、たとえばある避難所に収容可能な人数以上の人間が押し寄せて、現場の救援活動に支障をきたす場合もある。防衛省が救援物資を募集中というチェーン・メールが送られ、ご丁寧にも宮城県庁、岩手県庁、防衛省の連絡先まで記していた。これは全くのデマであったが、悪質なことこの上ないものであり、犯罪の類に分類される。チェーン・メールなどを受信することにより無駄な電気を使ったために、いざと言うときに電池切れで災害伝言ダイヤルにメッセージを残せなかったというケースも多々あるだろう。こういったネット社会の落とし穴に対しては、政府、政治の世界できちんとした議論をし、いついかなるときにも流言・デマを最小化する努力をすべきである。その際に、悪質なソースに対しては法的措置が取れるように、法を整備すべきである。今は、無法地帯と化しているため、悪質な流言・デマが後を絶たない。

注意を喚起するための悪意のない流言・デマもあるかもしれないが、注意を喚起するのは公的にオーソライズされた機関の仕事だろう。匿名の個人が行う仕事ではない。もし政府や自治体が後手に回って、どうしても伝えなければならない情報が伝わらず、これを伝えたい場合には、その情報の出所を明記した上で（匿名ではダメである）、情報を発信すべきである。情報を発信するからには、発信者としての責任がある。これを匿名にすること自体、情報発信者としての責任を回避している。自身の情報が市民にとって重要であるという確信があるならば、発信源を明記した上で、情報を発信すべきである。政府、自治体が正しい情報を的確、迅速に把握し、市民に対して正しい情報を伝えることも、デマ・流言に対する最も効果的な対策であることは言うまでもない。

風評被害に対する政府の対策は十分であったかといえば、これに関しても答えは「ノー」と言わざるを得ない。「安全」「安心」を追求したいという人間の心理は当然でありそこには悪意はないと言ってもよいが、福島県内もしくは近隣の県の米、野菜、魚、肉牛、乳製品、観光業などに関しては、政府から正確な情報が得られていないせいか、消費者の心理として「安全」「安心」

に対して否定的な心理が働き、大きな風評被害が発生し、経済的打撃が大きくなっている。経営難に陥る農家や観光業者も少なくない。

たとえば、東海村JCO臨界事故の際にも、農業、漁業、食品加工業、観光などの分野に一時的な風評被害が及んだ。ただし、JCO臨界事故による風評被害は、福島第一原発事故による風評被害ほど長期的で大きな被害ではなかった。これには、マスコミによって報道される情報量の多さも影響している。半年以上もの間、毎日福島第一原発の報道が行われれば、また政府の対応のまずさなどが指摘されれば、当然の帰結として、われわれは福島産の農産物、畜産物は大丈夫かという不安を感じることになる。風評被害を抑える一番の手段は、政府がこういう不安を抱かせないように正しい対応をし、大丈夫なものは責任を持って出荷を許可し、危険なものは出荷できないと明確に不許可にすることである。政府にこのような対応ができていると考える人は少ないだろう。福島県産の牛肉に規定値以上の放射性物質が含まれていた問題でも、稲わらの使用に関して農林水産省から畜産農家に明確な指導がなく、全国的に福島産をはじめとした放射能に汚染された稲わらで飼育された畜産農家の肉牛が出荷され、これによって全国の消費者の「安心」「安全」への不安が高まった。今後、これによる福島産牛肉に対する風評被害は大きくなる可能性がある。前述のように、風評被害を拡大しているのは、政府による不誠実な対応である。

福島産の農産物等の風評被害の別の原因として、政府が「安全性」を強調しすぎた点もある。

官房長官が躍起になって「摂取し続けたからといって、直ちに健康に影響を及ぼすものではない」と強調しても、低線量の摂取の影響は、急性的ではなく晩発的に現れるものであり、市民の疑いは深まるばかりであった。風評被害を食い止めるための最善の方法は、政府が正しい情報を迅速に市民に公表し、市民の信頼を得ることではないだろうか。

(5) 学生の教育・就職対策

小学生、中学生、高校生などの生徒の他校での受け入れ支援体制を構築しておく必要がある。福島市内の小中学生等は、放射能の影響を避けるため、外で遊ぶ時間を制限されたりし、非常に不自由な生活を強いられている。たとえば、安全な場所へ小学生、中学生、高校を一時的に移住してもらい(たとえば廃校になった学校などの活用)、不自由なく学校生活が送れるよう、緊急時に、こういった施設がすぐにでも開放されるように準備をしておくべきではないだろうか。

東日本大震災、福島第一原発事故に対して、若者に対する就職対策が十分に行われている様子はない。なぜ、政府は企業の採用控え、内定取り消しに対して毅然とした態度を示し、今後何十年もの間わが国を支えていく若者を守っていかないのだろうか。また、リーマン・ショック以来、低迷が続く学生の採用状況に対して、いまだに有効な就職対策がなされていない。文部科学省は、たとえば卒業後2年以内であれば、新卒扱いになるように企業に働きかけて、きちんと法制化すべきではないだろうか。また、内定取り消しになった学生に対して、特別枠を設け、緊急時にはこの枠を使用して、仮に内定先が被災して取り消しになっても、学生が困らないようなシステムを構築してほしい。

(6) 経済・雇用対策

たとえば、被災した漁業・農業従事者に対しては、後継者不足の地域で技術を活かして、復興まで生計が立てられるような受け入れ・支援体制を整備することは、早急な復興のために欠かせない。工業従事者に対する業務支援をどうするかに関しても、ワークシェアリング制度などによって、これらの人たちを一時的に雇用できるような緊急体制構築ができないか、十分に検討しておくべきである。商業従事者に関しても、いち早く安全な仮設店舗で営業できるように後押しする必要があるだろう。

一時的な生活支援をどうするか、ローンの支払いをどうするか、保険金のスムーズな授受が円滑にできるような対策(計画)をどうするかも考えておかねばならない。義援金の配分方法で、赤十字社などは苦慮しているようであるが、善意の義援金に対してこのような状態ではよくない。スムーズに被災者に対してお金が配分されるようにしなければならない。

（7）早急な被災者のための住宅、仮設住宅確保

たとえば、地方の各自治体と連携し、各県特に隣接した県の公営住宅、空き家の状況を把握し、早急に避難所から一時的な住居への入居を促進できるかどうかをチェックする必要がある。収入がある程度確保でき、衣食住が足りてからではないと、復興への意欲は生まれない。総理大臣が、盆までに仮設住宅の入居を完了させると述べていたにもかかわらず、それも実現不可能となった。普段から、近隣県が一体となって、原発の大事故にいかに対応するかを真剣に議論しておかねばならない。

（8）政府、電力会社、自治体は、（1）～（7）を踏まえた危機管理・対策を十分に練り、一時保証金、義援金を不便なく、被災者に支払い可能なようにしなければならない。要するに、大災害に対する十分な計画を練った上で、原発を再稼動しなければならない。

限界のないリスクを背負う原発では、大災害時の危機管理体制が十分に構築されてから、国のエネルギー政策として実施すべきである（また、これまでもそうすべきであった）。早急に被災者の不自由を減少させることは、復興への意欲増大につながると考える。原発再稼動のためには、原発を抱える地方にとって最も望ましい計画策定とシミュレーションによる妥当性評価が必要不可

欠である。
図5・4（a）、（b）に、安全推進のための望ましいあり方を整理しておく。まず、原子力平和利用の3原則（自主・民主・公開）が理想論ではなく、実際的に機能するように、また情報公開の正確性・迅速性が確保されるように、政府、事業者は考え方を改める必要がある。そして、原発を推進するまたは脱原発で進むにしても、「止める」「冷やす」「閉じ込める」の3つの技術を精緻化しながら、「廃棄物処理技術」「廃炉技術」「危機管理技術」を確立していく必要がある。その際に、地形学、地質学、変形地質学、原子炉工学（材料力学、材料強度学）、安全工学、人間工学（ヒューマン・エラー）、制御技術、防災計画（社会システム工学）などの学際的分野の協調が必要不可欠である。そして、安全＞効率の絶対原則のもとで、政府、事業者、自治体、市民、エンジニア、現場、学者等が一体化し一つのチームとして、取り組んでいかねばならない。

われわれ人間が作ったシステムには、想定内のリスクと未知の潜在的なリスクがある。特に原発の事故は、われわれ人間や生命体に限界のない影響を及ぼすため、「想定外」の事故では済まされない。脱原発を進める、このまま原発を維持するなどいろいろな考え方があると思われるが、いずれにしても、当面は安全を担保した上で、原発を運転していかねばならないだろう。現行の政府、事業者の意向のみで推進していた考えを改め、これらのリスクを社会全体が十分に認識した上で、原発の安全を確保せねばならない。

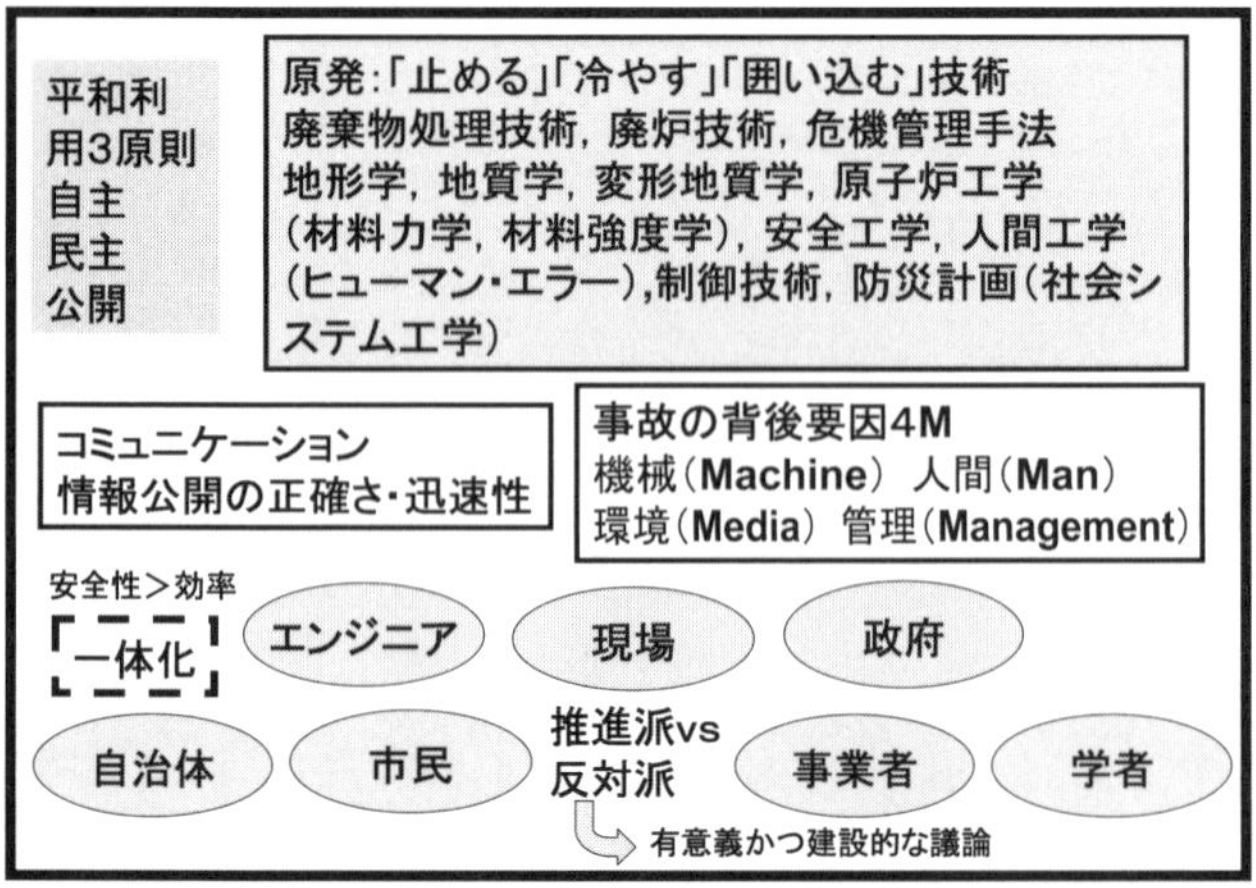
平和利
用3原則
自主
民主
公開
原発:「止める」「冷やす」「囲い込む」技術
廃棄物処理技術，廃炉技術，危機管理手法
地形学，地質学，変形地質学，原子炉工学
（材料力学，材料強度学），安全工学，人間工学
（ヒューマン・エラー），制御技術，防災計画（社会システム工学）
コミュニケーション
情報公開の正確さ・迅速性
事故の背後要因4M
機械（Machine） 人間（Man）
環境（Media） 管理（Management）
安全性＞効率
「一体化」
エンジニア
現場
政府
自治体
市民
推進派vs
反対派
事業者
学者
有意義かつ建設的な議論

図５・４（ａ） 原発の安全推進の考え方

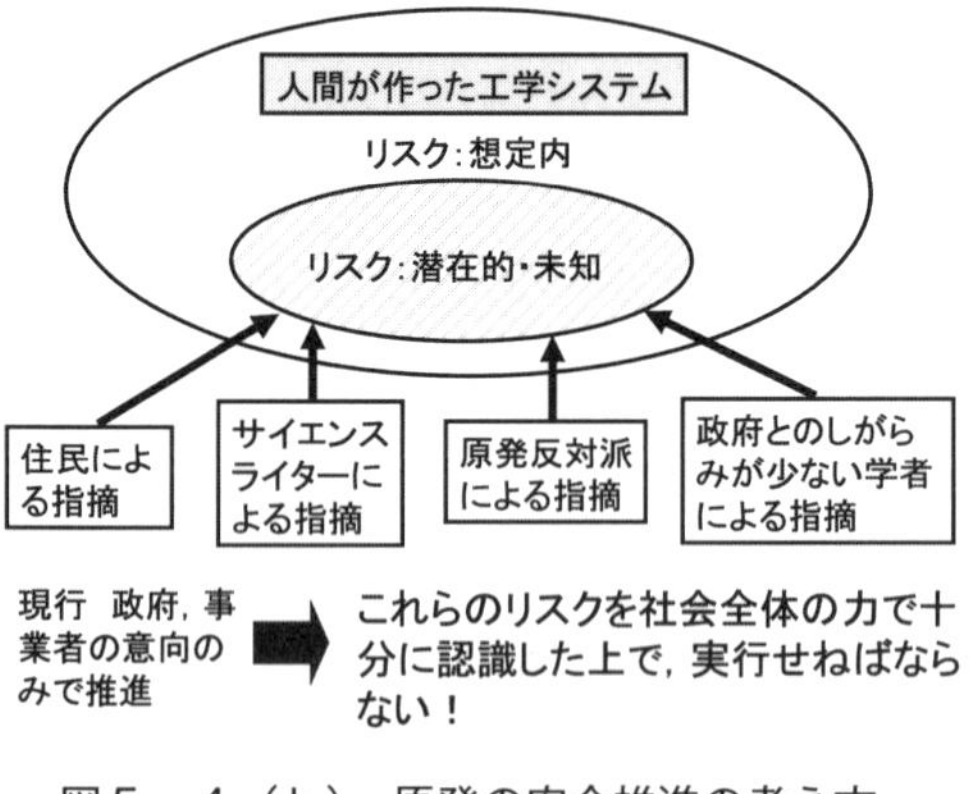
人間が作った工学システム
リスク：想定内
リスク：潜在的・未知
住民による指摘
サイエンスライターによる指摘
原発反対派による指摘
政府とのしがらみが少ない学者による指摘
現行 政府，事業者の意向のみで推進
これらのリスクを社会全体の力で十分に認識した上で，実行せねばならない！

図５・４（ｂ） 原発の安全推進の考え方

あとがき

原発では、算定不可能なリスクをいかに評価するかが非常に重要であるが、政府、事業者は、リスクにあえて背を向けようとする姿勢が明白であった。度重なる事故の際にも行政、事業者は楽観的で、事故の通報は遅れる場合がほとんどであった。また、事故は秘密にされ、その影響は過小評価される傾向が強かった。算定不可能なリスクに背を向けずに、原発の安全性を完全に保つことをどうしたら保証できるか、われわれは真剣に考える必要がある。

何らかの構造を有するシステム、特に大規模・複雑なシステムでは、最悪の状況を想定しておかねばならない。われわれは、最悪の状況に至る可能性を持つ算定不可能なリスクが許容可能かどうかを、一部の政治家、官僚の意思としてではなく、社会全体として見極めねばならない。原発の破損・事故は、それが社会に及ぼす影響が大きすぎるため、一部の政治家、政府、官僚のみでは決して責任を取りきれないからである。

種々の社会問題に対する解決策（正論）は必ず存在すると思う。しかし、これを阻害する要因もまた、必ず存在する。多様な価値観に世の中全体が押し流されて、リスクに背を向けず正しく評価するという「当たり前のこと」が、現代社会ではできなくなってしまっている。原発行政に関しても、必ず正しい解決策（正論）が存在するが、政府、事業者の独善的なマネジメントの要因がこれを阻害してきた。原発被害の広がりには社会的、地理的、時間的な限界がないにもかかわらず、政府、事業者は原発によってもたらされる限界のないリスクを正しく評価せず、責任を取らず、政治が市民、特に原発近隣の住民に無理やり原発を押し付けている。原発を明確なビジョンもなく推進した、すなわち十分な滑走路がないにもかかわらず飛び立たせてしまった責任を、政府の代わりに市民が取らされる形になっている。

政府は安易な誰でも思い浮かぶ増税によって復興の資金を調達し、結局、自分たちの取るべき責任をも市民に押し付けざるを得ない。これは、何かに似ていないだろうか。第二次世界大戦による被害・苦難をすべて市民に押し付けた軍部と同じである。軍部は、大そう立派な精神論を振りかざしただけで、何の責任も取れなかった。戦後66年経過した今でも、あの悲惨な戦争から何も学べていないと考えざるを得ない。これは何も、原発行政のみに限ったことではない。経済、教育行政、政治家の多選、医療制度等をすべて冷静に見直し、地方の自立（律）を念頭において、市民のための社会を目指すべきである。福島第一原発事故の真の根本的原因は、「戦後66年たってもわが国が失敗に学べないままでいること」に尽きると思われる。

各分野に長けた人を多選禁止で分野別の専門の政治家として選び、この専門家集団にそれぞれの分野を安心して任せられるようなシステムに変えていかねばならない。すなわち、誰であっても選挙に勝てれば国を任せられるという考え方を改める必要がある。選挙に勝つ能力と、文部科学行政、原発行政、財政などの分野で官僚が行うことを市民の目線で専門的観点からチェックできる能力は別であることに、一日も早く気づかねばならない。一人の人間が、何十年にもわたって政治家でいられるような旧いシステム、政党がすべての分野で国を動かす社会システムを改めるべきである。そうしないと、われわれは各分野に潜む限界のないリスクと適切に向き合っていくことはできないだろう。

参考図書

明石昇二郎『増補版　原発崩壊――想定されていた福島原発事故』金曜日、２０１１年
朝日新聞取材班『「震度６強」が原発を襲った』朝日新聞社、２００７年
井野博満編『福島原発事故はなぜ起きたか』藤原書店、２０１１年
内橋克人『日本の原発、どこで間違えたのか』朝日新聞出版、２０１１年
荻上チキ『検証　東日本大震災の流言・デマ』光文社新書、２０１１年
鎌田慧『日本の原発危険地帯』青志社、２０１１年
鎌田慧『原発暴走列島』アストラ、２０１１年
小出裕章『隠される原子力・核の真実』創史社、２０１０年
坂昇二・前田栄作『日本を滅ぼす原発大災害』風媒社、２００７年
桜井淳『新版　原発のどこが危険か――世界の事故と福島原発』朝日新聞出版、２０１１年
桜井淳『福島第一原発事故を検証する――人災はどのようにしておきたか』日本評論社、２０１１年
高木仁三郎『原発事故はなぜくりかえすのか』岩波新書、２０００年

高橋啓三・手島佑郎『福島第一原発事故衝撃の事実』ぜんにち出版、２０１１年
武田邦彦『原発事故残留汚染の危険性――われわれの健康は守られるのか』朝日新聞出版、２０１１年
田中三彦『原発はなぜ危険か――元設計技師の証言』岩波新書、１９９０年
内閣府『原子力白書』１９８９年
『日経サイエンス　特集――揺れる原子力の将来』7月号、２０１１年
広瀬隆『原子炉時限爆弾――大地震におびえる日本列島』ダイヤモンド社、２０１０年
広瀬隆・藤田祐幸『原子力発電で本当に私たちが知りたい１２０の基礎知識』東京書籍、２０００年
広瀬隆『FUKUSHIMA 福島原発メルトダウン』朝日新書、２０１１年
広瀬弘忠『人はなぜ逃げおくれるのか』集英社新書、２００４年
福島原発事故の記録『エコノミスト臨時増刊』7／11号、２０１１年
村田厚生『ヒューマン・エラーの科学――失敗とうまく付き合う法』日刊工業新聞社、２００８年
柳田邦男『死角――巨大事故の現場』新潮文庫、１９８８年
山村武彦『人は皆「自分だけは死なない」と思っている』宝島社、２００５年

著者紹介

村田厚生（むらた・あつお）

広島県出身。1987年3月大阪府立大学大学院工学研究科博士課程修了。工学博士。産業医科大学助手，福岡工業大学助教授，広島市立大学教授を経て，2006年4月より岡山大学大学院自然科学研究科産業創成工学専攻教授。人間工学，生体情報処理の分野において，ヒューマン・エラー，安全人間工学，自動車人間工学，ユニバーサル・デザインなどの研究に従事。日本人間工学会理事，日本人間工学会中国・四国支部長。

著書に，『認知科学――心の働きをさぐる』（朝倉書店），『ヒューマン・エラーの科学――失敗とうまく付き合う法』（日刊工業新聞社），『人間工学概論』（泉文堂），『人間中心の生産システム論』（日本出版サービス），『カープは復活できるか』（南々社）など多数ある。

新曜社 福島第一原発事故・検証と提言
ヒューマン・エラーの視点から

初版第1刷発行　2011年11月1日©

著　者　村田　厚生
発行者　塩浦　暲
発行所　株式会社 新曜社
〒101-0051 東京都千代田区神田神保町2-10
電話(03)3264-4973(代)・Fax(03)3239-2958
e-mail　info@shin-yo-sha.co.jp
URL　http://www.shin-yo-sha.co.jp/

印　刷　新日本印刷　Printed in Japan
製　本　イマヰ製本
ISBN978-4-7885-1260-3　C1040